神农历险记

山海经

四川篇

郭晓东 ◎ 著
灌木文化 ◎ 绘

天地出版社 | TIANDI PRESS

小猪屏蓬

《山海经》中的异兽，是一头长着两个脑袋的猪，总是自称"天蓬元帅猪战神"。鼻子非常灵敏，可以追踪到瘟兽的气味。法宝是小祥云和九齿钉耙。绝招是猪猪乾坤屁。

狐翎（líng）

《山海经》中青丘国的九尾狐小公主，长着九条尾巴。胸前挂着一根漂亮的羽毛，叫聪明毛。坐骑是毕方鸟。主要技能是神火召唤术和读心术。

郭半仙

《山海经》中的大神仙——西王母手下的图书管理员，在大冒险中是一个知识渊博的万事通。主要法宝是桃木剑、乾坤圈和昆仑镜。

神农

牛头人身，头上有两根短粗的牛角，长着宽鼻子、厚嘴唇，肚子是透明的。力气大，跑得非常快。主要法宝是青铜药鼎和赭（zhě）鞭。在关键时刻，能够召唤植物精灵来对抗四大瘟兽。

蜚 （fěi）

《山海经》中的瘟兽，外形像头牛，头部是白色的，只有一只眼睛，身后拖着一条蛇尾巴。攻击技能是死寂术：所到之处，河水断流，草木枯萎。逃跑方式是变成一群黑色的牛虻（méng）飞走。

跂 （qǐ）踵 （zhǒng）

《山海经》中的瘟兽，外形像只猫头鹰，会飞，只有一条腿，还有一条光秃秃的猪尾巴。攻击技能是释放倒霉光环。逃跑方式是化作一团黑雾消失。

絜（xié）钩（gōu）

《山海经》中的瘟兽，外形像只鸭子，会飞，长着一条老鼠尾巴，擅长攀登树木。攻击技能是毒气麻痹术。逃跑方式是化作一团妖气飘走。

猚（lì）

《山海经》中的瘟兽，外形像刺猬，全身赤红。攻击技能是发射有毒的尖刺。逃跑方式是在地上打洞，然后钻进洞里逃走。

目录

四瘟兽逃奔九寨沟
芦苇海召唤羊蹄甲

　　我是一个专门给孩子写故事的人，宝贝们都叫我晓东叔叔。我是一个喜欢穿越的冒险家，经常带着我的两个小徒弟穿越时空，然后把我们的冒险经历写进我的故事里。我的两个小徒弟都来自《山海经》描写的那个神秘的远古世界，他们分别是天蓬元帅的前世——小猪屏蓬和青丘国的九尾狐小公主——狐翎。

　　这一次冒险的起因是，我们收到西王母的指令：帮助神农捉拿穿越到现实世界的"山海经四大瘟兽"。从在湖北的神农架找到神农开始，我们已经和瘟兽们进行了无数场激烈的战斗，粉碎了他们一次次的阴谋。直到现在，我们还在坚持不懈地追捕瘟兽……

我和小猪屏蓬、狐翎坐在青铜药鼎里，神农扛着我们离开了黄鹤楼，在夜色里一路狂奔。一开始我们三个还躺在药鼎里看星星，可是很快我们就全都睡着了。等我们再次醒来的时候，天已经大亮。

狐翎揉着眼睛惊讶地说道："神农大神！你都跑了整整一夜了，赶快歇歇吧！"

神农满不在乎地说："四只瘟兽跑得太快了，我必须追上他们！"

小猪屏蓬也醒了，他的四只眼睛都还没睁开，一只嘴巴打着哈欠，另一只嘴巴问道："咱们这是跑到哪儿啦？"

神农一边跑一边回答："我刚才看到旁边高速公路上有个牌子，写着'欢迎您来到四川'！"

什么？我们三个都大吃一惊，神农竟然扛着药鼎一口气从湖北跑到了四川，真是吓死人。我们劝了半天，神农才同意在一个隐蔽的地方停下来休息一会儿。我看到路边的指示牌，发现我们已经跑进了**九寨沟**。

狐翎惊叫一声："黄鹤楼在湖北武汉，而九寨沟在四川省阿坝藏族羌（qiāng）族自治州，两地相距1000多千米！神农，你扛着药鼎跑这么远就不觉得累吗？"

景区知识卡：九寨沟

　　九寨沟位于四川省阿坝藏族羌族自治州九寨沟县漳扎镇境内，是一条 50 余千米的山沟谷地，因沟内有树正寨、则查（chá）洼寨等九个藏族寨子而得名，是中国第一个以保护自然风景为主要目的设立的自然保护区。九寨沟主要有高原钙华湖群、钙华瀑群和钙华滩流等水景，人们常用"黄山归来不看山，九寨归来不看水"来赞叹九寨沟奇丽的水景。九寨沟风景区是水的世界，也是瀑布王国，被世人誉为"水景之王"。

　　神农挠挠脑袋，靠着一棵大树坐下，说："这么一说，我好像是有点儿累……"

　　神农简直太强悍了。我顾不上感慨，趁他休息的时候把自己知道的情况告诉大家："九寨沟是国家级自然保护区，在这里肯定会找到很多植物精灵帮我们。可是九寨沟太大了，要想捉住瘟兽可不容易。"

　　听了这话，神农马上跳了起来："不行，咱们得赶紧走，不抓住这几个坏蛋，我简直没有心情休息。"说完，神农不由分说地把我们三个塞进了药鼎里，又开始狂奔起来。

我们眼前很快出现了一大片芦苇，狐翎一边观察情况一边小声介绍："前面就是有名的**芦苇海**。"

景点知识卡：芦苇海

芦苇海全长 2.2 千米，海拔 2140 米，虽然它的名字里有个"海"字，但其实它是湖泊。芦苇海有上万亩滩涂和一望无际的沼泽湿地，非常适宜芦苇生长，每年春暖花开的时候，这里都会有一大片新芦苇破土而出。

小猪屏蓬郁闷地挠着脑袋说："明明不是大海，为什么要叫芦苇海？"

我们实在没法指望一头猪能学会浪漫，于是大家都装没听见。狐翎继续小声提醒："芦苇海附近都是滩涂和沼泽湿地，大家要特别注意脚下。"

我感觉周围一阵阵热风吹过，忍不住自言自语道："奇怪啊，这里海拔2000多米，温度应该很低才对，但我怎么觉得越来越热了呢？"

　　小猪屏蓬忽然朝着芦苇海跑过去了，一边跑一边嘟囔着："热死猪战神了，我要下去泡个澡……"

　　"不要去！"我大喊一声，可是已经晚了。

　　只听扑通一声，小猪屏蓬跳进了芦苇丛中的一个水坑。可是他马上就叫了起来："快点把我拉出来，这下面是烂泥……"

　　我又生气又着急，想冲过去救小猪屏蓬，却被神农拦住："你别去，当心一起陷进去，我用赭鞭把屏蓬拉回来！"

　　我觉得有道理，就停住了脚步。神农迈着大步，小心地靠近小猪屏蓬，离着老远就把赭鞭甩了过去，小猪屏蓬立马伸手抓住赭鞭。我刚松了一口气，半空中忽然响起了一个熟悉的声音："倒霉光环！"

　　下一秒，我们每个人的头上都出现了一个黑色的倒霉光环！完了，跂踵出现了。我们周围妖雾四起，温度明显变得更高了。

　　狐翎着急地喊道："神农，快把金钗石斛（hú）精灵放出来，咱们需要幸运光环！"

　　神农手忙脚乱地掏出自己的《神农本草经》。他一不留神，赭鞭就掉在地上了。这时，泥土里突然跳出一只红毛刺猬，他叼起赭鞭就跑。神农立马收起手上的书，跑去抢赭鞭，气得边跑边哇哇大叫。

这时，天空中突然涌出一团黑雾，黑雾里有一个巨大的身影。黑雾消散后，一只身形强壮、毛发浓密的大狗出现在我们面前。它长着红色的嘴巴和眼睛，有一条雪白的尾巴，看起来非常凶悍。它张嘴发出一声怪叫，然后恶狠狠地吐出一大团火焰，砸在了狐翎的身上。

我立马脱下身上的衣服去盖住狐翎，希望用隔绝空气的办法灭火。这只长得像狗的怪物在喷火的那一瞬间，我就认出来了，它是《山海经》里记录的狢（yí）即，没想到今天会突然出现在这里！

絜钩的公鸭嗓又响了起来："想不到吧！我们召唤了狢即，今天就要把你们烧死在这里！"我心里咯噔一下，四大瘟兽就已经很难对付了，现在他们竟然还学会了召唤《山海经》里的怪兽。

就在这时，一个清脆的小嗓音响起："神农不要慌，**羊蹄甲**精灵来帮你啦！"

一个瘦高的小树人出现了，他的树叶的形状像羊蹄，树上还开满了小百合一样的花朵。

植物知识卡：羊蹄甲

羊蹄甲，乔木或直立灌木，高 7~10 米，其树皮呈灰色至暗褐色，很厚，而且比较光滑。羊蹄甲的叶片在先端分裂为两裂片，形状就像羊蹄留下的脚印。羊蹄甲的花朵非常娇艳，形状和颜色有点儿像百合花，但是它的花瓣更狭长。羊蹄甲的叶片有清热解毒的功效，可用于治疗疮（chuāng）疖（jiē）、烫伤等。

第二回

两杉树大战四瘟兽
神仙侣再灭恶罗扎

羊蹄甲精灵的出现，让我们精神一振。我低头一看，狐翎身上的火焰不见了，全都被羊蹄甲精灵吸到了自己的身体里。狐翎冷笑一声："小小的狄即，竟然敢班门弄斧，用火烧我，真是自不量力！"

狐翎一抬手，一朵神火红莲就飞向了狄即。神火红莲在半空中变成了一团焰火，把絜钩、趺踵和狄即都给炸得倒飞了出去。

神农一招手，赭鞭就飞回了他的手里，猴一看情况不对，钻进泥土里逃跑了。瘟兽来得快，跑得也快。

等敌人消失了，我才发现自己的手臂被狄即的火焰烧伤了一大片，胳膊火辣辣地疼。

狐翎担心地叫道："哎呀！晓东叔叔，你胳膊上的伤很严重啊！"

羊蹄甲树人飞快地走了过来，一个脑袋上有花有叶的小精灵从树冠里跳了出来，直接落在我的肩膀上，说："我会治疗烫伤，马上就好！"

说完，羊蹄甲精灵就在我的胳膊上涂抹了一层绿油油的药膏，我顿时感觉伤口凉飕（sōu）飕的。不一会儿，胳膊就恢复了正常，我连声道谢。

神农又把我们都装进青铜药鼎里，继续追击瘟兽。我们一路向北，路上经过了一个个漂亮的湖泊，它们的名字都带一个"海"字：火花海、树正群海、老虎海、犀牛海……每一个湖泊都美得惊心动魄。忽然，我们耳边传来一阵水声，一条瀑布映入眼帘，这是我们在九寨沟遇到的第一条瀑布——树正瀑布。

我们继续一路向北，很快就来到了一个岔路口，轰隆隆的水声震耳欲聋。九寨沟景区内主要有三条沟：树正沟、则查洼沟、日则沟。三条沟呈"Y"形排列，竖着的是树正沟，左边的是则查洼沟，右边的是日则沟。我们现在的位置，正好是三条沟的交叉点。这里的水流奔腾咆哮，汇聚成了中国最宽的瀑布——**诺日朗瀑布**。

景点知识卡：诺日朗瀑布

诺日朗瀑布位于九寨沟三条沟的交汇处，海拔 2365 米，瀑宽 270 米，高 24.5 米，是中国大型钙华瀑布之一，也是中国最宽的瀑布。1986 年版电视连续剧《西游记》片尾背景瀑布就是在此取景的。诺日朗是藏语的音译，翻译成汉语就是"男神"的意思，象征高大雄伟。诺日朗瀑布意思就是雄伟壮观的瀑布。

宽阔的瀑布好像银河的天水倾泻而下，如奔雷般轰鸣，声势浩大，水雾升腾，仿佛人间仙境。我们几个人全都看呆了。

小猪屏蓬忽然叫了起来："快看，那边有两个树人和瘟兽打起来了！"

只见瀑布边的岩石上，两个高大的树人战士正和四大瘟兽拼命厮杀。树人的身上已经被套上了倒霉光环，动作越来越慢，好几次差点失足跌进瀑布中。

羊蹄甲精灵叫道："那是**白皮云杉**树人和**冷杉**树人，他们好像受伤了！"

植物知识卡：白皮云杉

白皮云杉是中国特有的珍贵树种，是四川西部地区物种强烈分化的种类之一，高可达 20 米，分布于四川西部康定附近的榆林宫、折多山及中谷等地。白皮云杉木材较轻，硬度适中，结构细，纹理直，质较坚韧，可供建筑、土木工程、木纤维原料等使用。

植物知识卡：冷杉

冷杉是一种常绿乔木，高可达 40 米。冷杉属植物出现于晚白垩世，至第三纪中新世及第四纪种类增多，分布区扩大，经冰期与间冰期保留下来，繁衍至今。冷杉果子可作药用，主治发痧气痛、胸腹冷痛及小肠疝（shàn）气。

我的心提到了嗓子眼，他们战斗的地方实在是太危险了，而且跛踵的倒霉光环威力强大，让两个高大的树人战士落了下风。

忽然，猴尖着嗓子喊道："恶魔罗扎复活，帮我打死这两个树人！"

我大吃一惊，现在不仅絮钩会召唤怪兽，连猴也能用召唤术了？下一秒，一个浑身着黑衣的壮汉突然出现在树人的身边，他的手里拿着一把明晃晃的藏刀，狠狠一刀砍向白皮云杉树人。

旁边的冷杉精灵看到了，指挥自己的树人冲了上去，结果冷杉树人也被砍了一刀。

本来高大的树人是不怕人类的刀子的，可是这个罗扎不知道是何方妖孽，他的刀上带着一股浓重的妖气，冷杉树人不仅受了伤，伤口还开始冒出黑烟了。冷杉精灵和冷杉树人一起发出了痛苦的喊声，身体一晃，竟然从瀑布上掉了下去！

神农一挥赭鞭，从半空中卷住了冷杉树人，一声大吼，奋力往回拉。小猪屏蓬突然纵身一跃，脚下出现了一朵小祥云！小猪屏蓬的法术开始恢复了，我既开心又担心。小猪屏蓬举着自己的九齿钉耙朝着恶魔罗扎冲了过去，嘴里还喊着："敢欺负树人，猪战神来报仇啦！"

更让我吃惊的是，身边的狐翎竟然念起了请神咒："普告万灵，土地祇（qí）灵，左社右稷（jì），不得妄惊，心向正道，内外澄清，太上有命，搜捕邪精。诺日朗和若依果快快现身！"

瀑布中蹿出两道金光，直接钻进了恶魔罗扎的身体里，砰的一声巨响，恶魔罗扎被炸得烟消云散了。

神农喘着粗气说道："狐翎厉害啊！你也能用请神术了。你请的是什么神啊？"

狐翎开心地说："他们是诺日朗瀑布神话中的一对恋人，当地的恶霸罗扎为了霸占美丽的若依果，害死了诺日朗。没想到若依果和自己的心上人一起化作了瀑布，淹死罗扎报了仇。"

四只瘟兽被眼前突然的变化惊呆了，他们还没来得及做出反应，小猪屏蓬就一钉耙把猴给打飞了。小猪屏蓬又向趺踵冲去，趺踵吓得转身就跑。冷杉和白皮云杉两个树人没有了倒霉光环的影响，身上的伤很快就痊愈了。他们冲上去狠揍蜚和絜钩，这两只瘟兽也落荒而逃了。

观镜海师徒陷幻境
现女神川贝遭绑架

我们万万没想到，白皮云杉精灵和冷杉精灵，竟然长得和其他小精灵都不一样。我们见过的其他小精灵都是孩童的模样，可白皮云杉精灵和冷杉精灵竟然是两个成年人的模样，他们的个头明显比其他小精灵高出一大截。冷杉精灵是个帅小伙儿，身体很壮；白皮云杉精灵是个美少女。加上之前在芦苇海出现的羊蹄甲精灵，我们的队伍一下多了三个植物精灵，神农高兴得手舞足蹈。

聊了一会儿我们才明白，原来只有那些寿命特别长的植物，比如松树、杉树、银杏树等才有可能长出成年人外貌的小精灵，这些精灵看起来像年轻人，其实已经100多岁了。不过对于长寿的大树来说，我们面前的白皮云杉精灵和冷杉精灵都是风华正茂的年轻人。

我们追踪瘟兽的踪迹，来到了不远处的**镜海**，这里是树正沟和日则沟的交界。我们第一眼看到镜海，就都惊呆了，这个湖简直太美了！镜海虽然不大，但是因为水面特别平静，真的像一面镜子，湖边的青山绿树全部倒映在水里。湖面的绚丽色彩交相辉映，如梦似幻，恍如人间仙境。那一瞬间，我们全都忘了自己来这里是为了什么。

景点知识卡：镜海

镜海是九寨沟的第三大湖泊，它就像是一面镜子，把地上和空中的景物复制到了水里，因此得名。镜海有三奇：一奇是倒影胜实景，在没有风的晴天，水中的景致更婀娜多姿；二奇是水带波光，夏日雨天，湖面有一条30余米宽的水带，水带之影时隐时现，带外波光粼粼；三奇是镜海瘦月，风息波静的夜晚，水中之月与天上之月交映生辉。

忽然，我的眼前出现了无数可爱的孩子，他们正拿着我的新书看得入迷，其中还有好多黄头发、蓝眼睛的外国小孩惊叹道："原来中国的神话这么精彩啊！"

这时，神农张开大手喊道："这里遍地是药材，比昆仑山的还要好，我打算住在这里不走了！"

小猪屏蓬边流口水边说："哇！好多美味佳肴啊，馋死猪战神了！行，我也不走了，我要把这湖里的好吃的吃光！"

狐翎也在我身边喃喃自语："神火、狐火、毕方火，这才是我梦寐（mèi）以求的三昧真火！这里真是修炼的好地方！"

我心里奇怪：为什么每个人看到的东西都不一样？

忽然，我们面前出现了一个穿着古代藏族服装的美女。她满脸焦急地朝我们挥手，水面哗啦一声就掀起了一片波澜，我们四个人面前的情景全都消失了。

小猪屏蓬气得大喊："哪里来的女妖怪?！把猪战神的好吃的都弄没啦！"

我一个激灵清醒过来，发现我们每个人的脑袋上不知道什么时候都被套上了一个倒霉光环！原来我们刚才在镜海里看到的都是幻象，我们心里最迫切的愿望都被放大了。

唤醒我们的藏族美女已经从对面的山峰飞了下来。她让湖水掀起了滔天巨浪，向半空冲去。我这才看清楚，原来暗算我们的跂踵和絜钩就在头顶不远的半空中。

狐翎激动地叫了起来："这就是九寨沟的藏族女神——沃

诺色嫫（mó）！"我这才想起来，沃诺色嫫山是坐落在镜海东北方的一座神山，它是九寨沟的保护神沃诺色嫫的化身。

跋踵和絜钩看到突然出现的女神这么厉害，马上放弃了原来的计划，转身逃走了。而这时，丛林里却突然冲出来一头独眼怪牛——正是大瘟兽蜚，他又一次变身成牛头人，大手里握着一个小小的植物精灵。我们连忙朝着蜚冲了过去。

蜚朝我们大声喊道："站住，再往前冲我就捏死这个小精灵！"

小精灵放声大哭："我害怕，神农救救我！"

看来，这个植物小精灵不仅看着个子小，而且胆子也小。

沃诺色嫫女神停在半空中，大声喝道："妖怪，放下川贝小精灵！"

原来这个小精灵是川贝！我们都喝过川贝止咳糖浆，里面的主要原料就是**川贝母**。四大瘟兽知道我们走到哪里都有植物精灵做帮手，现在干脆开始抓人质了。植物小精灵都是神农的命根子，瘟兽算是抓住我们的软肋了。

神农咬牙切齿地说："你们要是敢伤害川贝小精灵，我就让你们灰飞烟灭！"

蜚的独眼骨碌碌乱转："呵，说得好像我不抓人质，你就

不想让我们灰飞烟灭似的。"

神农气得直咬牙。就在我们气愤不已又无能为力的时候，四只瘟兽带着川贝小精灵化作妖雾消失不见了。

植物知识卡：川贝母

川贝母是贝母的一种，简称"川贝"，是润肺止咳的名贵中药材，驰名中外。贝母按产地和品种的不同，可分为川贝母、浙贝母和土贝母三大类，川贝母因主要产自四川而得名。川贝的花朵颜色为紫色，成熟后会过渡到黄绿色。川贝不耐高温，气温达到 30 摄氏度或地温超过 25 摄氏度时，植株就会枯萎。

第四回

五花海瘟兽设陷阱
烧狝即毕方救狐翎

瘟兽抓走了川贝小精灵，我们慌忙向女神沃诺色嫫表示感谢，急匆匆前去搭救。和女神道别后，我们继续循着瘟兽的妖气拼命追击。小猪屏蓬现在已经不愿意坐在青铜药鼎里了，他要驾着自己的小祥云飞。虽然他现在飞得还有些歪歪扭扭，但是他说要坚持锻炼才能更快地恢复仙术。

根据神农的推算，瘟兽逃向了日则沟。

狐翎大声提醒大家："这次咱们可不能像在镜海那样中了瘟兽的埋伏。我先告诉大家，日则沟附近有个**五花海**，又叫'神池'，是九寨沟最美的地方，那里是植物的天堂。所以，我猜在五花海一定能找到植物精灵来帮我们搭救川贝小精灵！"

景点知识卡：五花海

五花海是九寨沟的骄傲，有"九寨沟一绝"和"九寨精华"之誉。五花海位于珍珠滩瀑布之上，熊猫海的下部，日则沟孔雀河上游的尽头。九寨人常说："五花海是神池，它的池水洒向哪儿，哪儿就花繁林茂，美丽富饶。""五"代表五颜六色的水，"花"代表花繁林茂，"海"代表的是海子。

神农听了更郁闷了："我担心的就是这件事，现在瘟兽打不过我们，开始挑弱小的植物精灵下手了。我一定要让他们后悔！"

虽然我们在路上就已经努力想象五花海的美了，但是当五花海真正出现在我们面前的时候，我们还是被震惊到了。五花海的水面就像玻璃一样清澈透明，但是水色却是五彩斑斓的。

小猪屏蓬一惊一乍地说："根据猪战神的经验，这片湖水肯定被瘟兽下毒了。你们看啊，同一个水池子里，水的颜色都不一样！嗯，瘟兽虽然狡猾，但是猪战神早就看穿了一切！"

狐翎揪着他的一个猪耳朵说："你看穿什么了？书上写得

很清楚，五花海的湖面整体是绿松色，但是从岸边向湖心看去，颜色依次是鹅黄、墨绿、深蓝。九寨沟的湖泊处于地形起伏很大的峡谷深处，不同地段同一时间、同一地段不同时间，太阳光的入射角及入射量、湖水表面对光的反射状况和湖水的透明度都有很大的变化，这才产生了变幻莫测的神秘颜色。"

小猪屏蓬听得一愣一愣的："哎哟、哎哟……猪战神知道了。虽然没听懂，但是感觉很厉害的样子！"

羊蹄甲精灵忽然跳了出来大声喊道："快看水里！是川贝小精灵！"

我们都一惊，抬头看去，只见好像仙境一样的五花海水面上，浮现出一株川贝。一丛翠绿的叶子上顶着一朵盛开的黄绿色花朵，而胆小的川贝小精灵正抱着那朵花在哭呢！

"啊……我要被淹死啦！"

川贝虽然喜欢阴暗潮湿的环境，可她毕竟不是芦苇也不是荷花，直接插在水里要不了多久就会烂掉。两只大鸟在湖面上乱飞，正是跂踵和絜钩。

跂踵得意地大喊："人质快要被淹死啦，救不救她就看神农的啦！"

　　神农一声怒吼就跳进了五花海。神农虽然淹不死，但是这样凫（fú）水游过去，实在是太慢了。他还没游出多远，狐翎忽然大叫一声："神农小心！水里有埋伏！"

　　话音刚落，湖底一根长满了绿毛的粗大树干突然跳了起来，变成了一条大"鳄鱼"。这条"鳄鱼"只有一只巨大的独眼，长在脑袋顶上！不用说，这条"鳄鱼"是蜃变的。四大瘟兽设下这个陷阱，就等着我们上钩呢！

　　神农是我们这边战斗力最强的一个，而且所有的植物精灵都只听神农的，如果他受伤或者被干掉，四大瘟兽对付我们剩下的三个就容易多了。

　　了不起的神农毫不惊慌，巨大的青铜药鼎像变魔术一样突然出现在他的手里，他毫不犹豫地将药鼎塞进了面前"鳄鱼"的大嘴里。只听咔嚓一声巨响，大"鳄鱼"嘴里好几颗尖利的牙齿崩飞了，药鼎卡在"鳄鱼"的大嘴里，他吞不下去也吐不出来。神农举起大拳头，朝着"鳄鱼"的脑袋就砸了下去。狐翎兴奋地大叫："好！神农太帅了！哎呀，屏蓬你干吗……"

　　神农抡起拳头狂揍独眼"鳄鱼"的同时，小猪屏蓬脚踩小祥云，高举着钉耙摇摇晃晃地飞向了川贝小精灵，嘴里还大喊着："川贝小精灵不要哭，猪战神来救你啦，冲呀！"话音未

落，跋踵一个倒霉光环就砸在了小猪屏蓬的一个脑袋上，小猪屏蓬立刻朝水里栽了下去。

不过小猪屏蓬并没有落水，他的身后突然出现了两个高大的树人，正是白皮云杉树人和冷杉树人。白皮云杉树人一把接住小猪屏蓬，把他塞进自己的树冠里；冷杉树人迈开大步，在冷杉精灵的指引下冲向了半空中的跋踵和絜钩，麻痹烟雾和倒霉光环漫天乱飞。

我们正在观战，没想到狻猊突然出现在我和狐翎的身后，一张嘴就喷出一团妖火！狐翎奋不顾身地挡在了我的面前，用自己的神火红莲还击。可是狻猊的火焰太强了，狐翎眼看就挡不住了。

这时，天空中忽然传来一声尖锐的长啸，一只仙鹤一样的大鸟从天而降。它一张开嘴，一条火蛇就从它的嘴里狂喷出来，瞬间把狻猊烧成了一个火球！

狐翎兴奋地大叫："我的毕方鸟，你终于找到我啦！"

第五回

九寨眼名唤五彩池
红杉精长海战瘟兽

狐翎冲上去一把搂住了毕方鸟的脖子。毕方鸟是狐翎的坐骑，曾经和我们一起完成过无数次大冒险，虽然它只有一条腿，但它走起路来却健步如飞，而狐翎特有的三昧真火，只有毕方鸟归来，才能发挥出最强的威力。毕方鸟顾不上和狐翎亲热，它低头背起我和狐翎冲天而起，朝着五花海中央的川贝小精灵冲过去。

两个树人战士和跂踵、絜钩打得不可开交，满身着火的狍即跑向了跂踵和絜钩，显然是想让那两个瘟兽救他的命。跂踵和絜钩一看狍即被烧成这样，赶紧变成一团黑色的妖气，卷起带着火焰的狍即一起消失了。

救出了川贝小精灵，我们一起回到了岸上。神农将变成大鳄鱼的蜇拉回到岸上。可是没想到，大"鳄鱼"一上岸就变成了一截烂木头，狡猾的瘟兽又跑了！

看到狐翎和毕方鸟重逢，大家都很开心。热闹了半天，毕方鸟突然朝我伸出长脖子，长长的嘴巴里像变魔术一样出现了一个金光闪闪的圆环。

狐翎惊叫一声："师父的乾坤圈！"

我也愣住了，这正是狐翎和小猪屏蓬的师父——郭神仙的乾坤圈。小猪屏蓬和狐翎一直说穿越来找师父，说我就是他们前世的师父。我一直将信将疑，可是现在故事里的乾坤圈就出现在眼前，我开始真的相信了。伸手接过乾坤圈的一瞬间，我好像看到了乾坤圈里的那个神秘的空间，有一件似曾相识的宝贝就静静地躺在里面，正是昆仑镜！

我心念一动，昆仑镜已经出现在我的手上了。这下好了，追踪妖怪，用昆仑镜可以看得更清楚。狐翎帮我从五花海上空捉了几团妖气放在昆仑镜上，我们马上从镜子里看到四只瘟兽逃向了则查洼沟的**长海**。长海是九寨沟最大的湖，海拔在3000米以上，最高的地方有4400多米。长海尽头的山峰终年积雪，不知道四只瘟兽带着他们召唤来的狻猊跑到长海又要设下什么陷阱。

景点知识卡：长海

长海是一个"S"形的山间湖泊，是九寨沟最大的海子。长海的水非常安静、清澈、温柔，它的水源为高山融雪。令人奇怪的是，长海地表没有出水口，但夏秋雨季水不溢堤，冬春久旱也不干涸，因此当地人称长海是"装不满、漏不干的宝葫芦"。

有了小祥云和毕方鸟，小猪屏蓬和狐翎都不愿意坐在神农的药鼎里了。狐翎带着我，小猪屏蓬踩着小祥云在天上飞。神农的块头实在太大了，只好在地上跑。

飞了一段时间，我们看到地面上出现了一个五颜六色的水池，它的颜色比五花海更夸张，碧蓝色、天蓝色、橙红色、橄榄绿色交相辉映，美得动人心魄。狐翎忍不住赞叹："好美啊！这是五彩池！我记得书上说，五彩池是九寨沟最小的一个海子，被称为'九寨之眼'。这里距离长海很近了。"

随着离长海越来越近，我们感觉越来越冷，这里的海拔已经3000多米了，远处雪白的山顶也可以看得清清楚楚。

小猪屏蓬叫了起来："原来长海是个冰湖啊！"

我大吃一惊，不应该啊！虽然长海在冬天会冻结 60 厘米厚的冰层，就连大卡车都能开过去，但现在是夏天，长海怎么会结冰呢？

答案马上揭晓了，四大瘟兽出现了。蜚的脑袋上顶着猴，半空中飞翔着的是跂踵和絜钩。跂踵得意扬扬地喊道："你们不是要抓我们吗？快来啊，我这儿有个火烤精灵，你们要不要一起尝尝味道啊？"

跂踵话音刚落，蜚突然变身，成了一个独眼牛头巨人，他的手里攥（zuàn）着一个植物精灵，看身材和模样，跟白皮云杉精灵和冷杉精灵有点儿像。

我身边传来冷杉精灵的惊呼："**红杉精灵！**"我低头一看，原来是神农赶到，把白皮云杉、冷杉和羊蹄甲几个植物精灵从《神农本草经》里放了出来。

这个可怜的红杉精灵已经被冻僵了，身体保持着一个僵硬的姿势，不知是死是活。跂踵忽然喊了一句："倒霉妖火！"他一张开嘴，喷出了一团奇怪的火焰，火焰朝着红杉精灵飘了过去。

倒霉妖火？这是什么奇怪的妖术？我们之前只见过跂踵的倒霉光环，没见过"倒霉妖火"啊。

狐翎大声质问："跂踵，你怎么会用狻猊的妖火？"

植物知识卡：红杉

红杉是中国特有的树种，适应性强，能耐高寒气候和贫瘠的土壤环境。红杉木材可作建筑、电杆、桥梁、器具、家具及木纤维工业原料等用，树干可割取松脂，树皮可提栲（kǎo）胶。

跂踵得意扬扬地说："狳即被你的毕方火烧得半死不活，为了不浪费它的妖火，我干脆把它给炼化了。现在狳即的火焰变成了我的技能，我离成为瘟神又近了一步。哈哈哈！"

正在我们不知所措的时候，小猪屏蓬忽然念出一段咒语："上天下地，断绝邪源，乘云而升，穿水入烟。移形换位术！"

只听嗖的一声响，小猪屏蓬和对面的红杉精灵互换了位置，他用九齿钉耙把跂踵喷出的妖火给反弹到了絜钩的身上，然后一耙子朝蜚打过去。蜚没想到手里的精灵人质突然变成了小猪屏蓬，吓得松开手转身就跑。

狐翅骑着毕方鸟猛冲过去，一边喷火一边追跂踵和絜钩。神农也冲上冰面，抡着巨大的药鼎朝猴狠狠砸去。

看我们人多势众，四只瘟兽转眼全跑了。我惦记着红杉精灵的安危，赶紧跑回来照看，发现红杉精灵身上的冰块已经被其他几个小精灵给融化了，就连被冻住的长海，也恢复了之前的碧波荡漾。

我拿出昆仑镜查看，发现四只瘟兽已经逃向了黄龙景区方向。瘟兽们掌握了炼化其他妖怪，然后将其技能转变成自己技能的妖术，后面的追捕行动，肯定会更加凶险。

第六回

黄龙沟惊艳迎宾池
洗身洞瘟兽藏伏兵

　　我一边查看旅游手册一边说："**黄龙风景名胜区**在九寨沟国家级自然保护区的南边，两个景区隔了 100 多千米。"

　　狐翎带着我骑在毕方鸟的背上飞，小猪屏蓬踩着小祥云自己飞，神农的块头太大，只能自己跑去黄龙了。狐翎不放心，叮嘱说："黄龙景区的最高海拔有 5000 多米，容易缺氧产生高原反应，轻则头晕恶心、胸闷气短，重则可能出人命。神农你一定要注意安全啊！"

　　神农大喊道："放心吧，我没问题！"说完他就化作一道黑影，消失不见了。不用扛着药鼎带我们跑，神农的速度更快了。我们赶紧追赶神农。

景区知识卡：黄龙风景名胜区

　　黄龙风景名胜区位于四川省阿坝藏族羌族自治州松潘县境内，是中国唯一保护完好的高原湿地。黄龙风景名胜区有黄龙沟、丹云峡、牟（mù）尼沟、雪宝顶、雪山梁、红星岩等好几个景区。主景区黄龙沟位于岷山主峰雪宝顶下，面临涪（fú）江源流，沟内布满乳黄色岩石，远望像一条藏身在密林幽谷的黄色巨龙，黄龙沟因此得名。黄龙沟有规模宏大、结构奇巧、色彩艳丽的地表钙华景观，罕见的岩溶地貌蜚声中外，堪称人间仙境，有"人间瑶池"的美誉。

　　等我们赶到时，神农已经到达了景区，正看着眼前的景色发呆。黄龙的风景简直不可思议，一大片梯田一样的水池层层叠叠，恍若人间仙境。池水虽然紧紧相连，但却呈现出黄、绿、蓝等不同的颜色，色彩缤纷，交相辉映。微风拂过，池水泛起涟漪，美得动人心魄。

　　狐翎飞快地介绍："这梯田一样的水池叫迎宾池，地理学上把这种地形叫作堰塞（sè）湖。迎宾池是由350多个结构精巧、形态奇特的彩池组成的，因为处在黄龙景区的入口处而得名。"

神农情不自禁地赞叹："这样美丽的景色，简直是大自然的馈赠啊！"

我叹了口气说："这美景形成的原因其实是地震，这些堰塞湖形成的原因让人痛心。四川自古以来地震灾害频发，才造就了人间仙境般的黄龙迎宾池。"

小猪屏蓬想伸手捧一捧池水尝尝，我大声叫道："屏蓬，住手！黄龙沟里的水都是从岷山最高峰雪宝顶上流下来的雪山融水，别用你的小脏手污染了池水。"

话音刚落，我们周围忽然妖风四起，飞沙走石。

狐翎着急地说道："妖气是从**洗身洞**方向来的，据说黄龙真人成仙的时候就是在那里洗去凡胎肉身的，四只瘟兽肯定是想借助洗身洞的仙气变成瘟神！"

听了狐翎的话，神农拔腿就朝着洗身洞狂奔。我们到达洗身洞才发现，原来这个洞口在一面巨大的黄色石壁上，有点儿像《西游记》里花果山水帘洞的格局。宽阔的瀑布顺着石壁流下，为洗身洞增添了几分神秘感。

四只瘟兽站在瀑布的上方，一看见我们就兴奋地大叫："来了，来了！进攻！"

一瞬间，倒霉光环、黑色妖气、牛虻攻击、红色尖刺等各种妖术对着我们劈头盖脸地袭来。我们奋力反击，正在手忙脚乱时，洗身洞前面的瀑布好像突然活了，一只水流形成的大手，恶狠狠地朝我们拍了过来。神农挡在我的前面，只听哗啦一声，我们全都变成了落汤鸡，仰面朝天躺在了地上，连半空中的小猪屏蓬和狐翎都狼狈地摔了下来。

景点知识卡：洗身洞

洗身洞是目前世界上最长的钙华塌陷壁，奔涌的水流在钙华壁形成一道金碧辉煌的钙华瀑布，洗身洞就隐身在飞流直下的钙华瀑布中。洗身洞高 1 米，宽 1.5 米，其形成的原因，至今仍是一个未解之谜。有科学家认为，洗身洞是亿万年前古冰川的一个出水口。

四只瘟兽指着我们哈哈大笑，旁边响起一个陌生的声音："我还以为追杀四大瘟兽的神农有多厉害，原来是个草包啊！"

我循着声音看去，只见一个怪物正对着我们龇牙咧嘴。他长得像豺狼，却有一张人脸；背上长着一对鸟翅膀，可是移动

的时候却像蛇一样。

狐翎惊呼一声："化蛇！"

我们都明白了，化蛇肯定是四只瘟兽召唤来的！化蛇的妖术是引发水灾，控制瀑布的水流自然不在话下。

絜钩的公鸭嗓响了起来："化蛇干得好，等我们成了瘟神，你就是第一大功臣！"

神农拿出赭鞭在半空中一甩，啪的一声，把絜钩吓得一哆嗦。神农飞快念起了咒语："北斗七元，神气统天，天罡（gāng）大圣，威光万千。精灵现身！"

我们都期待出现一个强大的树人，可是没想到，一个绿色的"迷你降落伞"好像蒲公英的种子一样飘飘悠悠地落在了神农的肩膀上。这是一个植物小精灵，他的头上只有一片被分成了五瓣的叶子，看起来简直弱不禁风。几只瘟兽看了哈哈大笑，我们也觉得十分泄气。

小精灵说话了："哼，竟敢嘲笑我**独叶草**精灵。马上就让你们哭！"

独叶草精灵小手一挥，说道："黄龙出来，帮我消灭妖怪！"他小小的身体里竟然瞬间爆发出强大的仙灵之力。只听瀑布之下的洗身洞里传出一声怒吼，一条黄色巨龙轰的一声从

洗身洞里飞了出来，带起瀑布的水流化作一场大雨，把我们和瘟兽全都淋湿了。四只瘟兽和化蛇都惊呆了，他们愣神的工夫，黄龙一口就咬掉了化蛇的一只翅膀。四只瘟兽被黄龙吓破了胆，一溜烟逃走了，化蛇也钻进水里溜之大吉了。

我们都为独叶草精灵欢呼鼓掌。我激动地说："独叶草不愧是生存了6700万年的活化石，

你简直太厉害了！"

独叶草精灵开心地说："别看我个头小，我可和黄龙一起修炼几百年了！要不是神农的咒语，我们还在洗身洞里打坐呢。"

植物知识卡：独叶草

独叶草是中国特有珍稀植物，独花独叶一根草，中国云南、四川、陕西等地有分布。独叶草全草可供药用，有健胃、活经、祛风的功效。独叶草出现在地球上已经有6700万年的历史了，看似弱不禁风，却躲过了第五次物种大灭绝。

第七回

四瘟兽攻打娑萝池
杜鹃花召唤血杜鹃

我拿出昆仑镜继续追踪瘟兽，根据指引，我们来到了一个开满杜鹃花的湖边。蓝色的湖泊中倒映着红白相间的杜鹃花，看起来美极了。

独叶草精灵不慌不忙地说："这个湖泊叫**娑（suō）萝映彩池**，湖边有 20 多种杜鹃花。黄龙当地人把杜鹃花叫娑萝。瘟兽竟然跑到这里来了，真是自寻死路！"

我觉得独叶草精灵话里有话，刚要问个详细，娑萝映彩池上空却刮起了一阵风，粉红色和白色的杜鹃花瓣漫天飞舞，生长在彩池边的杜鹃灌木纷纷从地上跳了起来，湖边乱作一团。

四只瘟兽从灌木丛里跳了出来。我这才明白，原来瘟兽就藏在杜鹃花丛里。他们肯定没想到，娑萝映彩池周围有好多杜鹃花精灵，现在这些灌木全都活了！

景点知识卡：娑萝映彩池

娑萝就是杜鹃花，娑萝映彩池边有20多种杜鹃花，品种不同，花朵颜色不同，花开的时间也不同。一年中四季变换，杜鹃花也在彩池边交替开放。黄龙景区最高峰雪宝顶上的雪水流进娑萝映彩池，在阳光、水藻和湖底沉积物的共同作用下，池水呈现出不同的色彩。

杜鹃灌木对瘟兽展开攻击，瘟兽们拼命还击，黑色的牛虻、红色的尖刺、倒霉妖火和倒霉光环，还有黑色的妖雾漫天乱飞。让我们大感意外的是，絜钩这个坏蛋竟然会用水魔法了！他扇动翅膀，从娑萝映彩池里召唤水流攻击杜鹃花，一边攻击还一边得意地狂笑："哈哈，尝尝我水魔法的厉害！化蛇的妖术真是好用啊！"

我马上觉得一阵头疼，看来化蛇已经被絜钩炼化了。四大瘟兽现在不但会召唤《山海经》世界的怪兽，而且还能在怪兽受伤后，通过炼化，吸收它们的法术，真是越来越难对付了。

跂踵的倒霉妖火不但有狍鸮妖火的力量，还有倒霉光环的力量。杜鹃灌木被倒霉妖火击中，瞬间就被点燃了，它们的攻击也都变成了慢动作。

一个粉粉嫩嫩的小精灵从灌木丛里飞了出来，她的头上戴着一朵白色杜鹃花，身体看起来只有巴掌大小，她正奋力控制着杜鹃灌木攻击四只瘟兽。

独叶草精灵大叫了起来："是**杜鹃**花精灵！"

植物知识卡：杜鹃

杜鹃是一种灌木植物，能长到 2~5 米高。有关杜鹃的记载，最早见于《神农本草经》。杜鹃一般春天开花，每簇花 2~6 朵，花冠呈漏斗形，有红、淡红、杏红、雪青、白等颜色。杜鹃根入药能活血止痛，杜鹃叶入药能清热解毒、止血，杜鹃花入药能祛风湿、治疗跌打损伤等。

神农和小猪屏蓬已经挥舞着兵器冲向了四只瘟兽，只听杜鹃花精灵用清脆的声音喊道："杜鹃鸟快来吧，消灭入侵者！"

我们头顶传来了无数鸟儿拍打翅膀的声音，密密麻麻的杜鹃鸟从四面八方蜂拥而至，对准那些硕大的牛虻一口一个吃得飞快。杜鹃花精灵头上的那朵白色杜鹃花，竟然变成了红色。

杜鹃花精灵大喊一声："如影随形！"

杜鹃灌木丛里瞬间爆发出一团红光，笼罩在每一棵杜鹃灌木上。这些杜鹃灌木的速度马上变快，就像影子一样跟在瘟兽身后，对四只瘟兽拳打脚踢，把瘟兽们打得嗷嗷怪叫。神奇的是，瘟兽的妖术在红光的覆盖下竟然全都失灵了。猴眼看形势不对，第一个打洞跑了，另外三只瘟兽也化成黑雾逃了。

小猪屏蓬忽然吃惊地叫了起来："哎呀！杜鹃鸟受伤了！原来是它们吐的血把杜鹃花染红了，所以红杜鹃杀红眼啦！不过，杜鹃鸟要是早点吐血，瘟兽肯定跑不了。"

我揪着小猪屏蓬的耳朵，尴尬地说："小猪屏蓬，不知道就不要胡说！"

杜鹃花精灵听到小猪屏蓬的话，先是一愣，然后扑哧一声笑了起来："早就听说神农大神身边有一个猪队友，百闻不如一见，果然是个活宝！"

狐翎抚摸着胸前的聪明毛说："杜鹃花精灵召唤的杜鹃鸟并不是普通的杜鹃鸟，它们是古蜀王杜宇的化身，对吧？"

杜鹃花精灵点点头说："小狐狸说得对！杜鹃花还有一个别名，叫映山红。传说杜鹃花本来没有红色的，是杜鹃鸟日夜不停地鸣叫，累得吐血，染红了遍山的花朵。"

小猪屏蓬好奇地问道："杜鹃鸟干吗不停地叫？累了就歇会儿吧，累得把命都搭上了，多亏啊。"

杜鹃花精灵笑了："古蜀王杜宇指导民众根据季节耕作，带领百姓播种和收获粮食，深受百姓爱戴。传说杜宇死后化身杜鹃鸟，每年春天到了，就用自己的啼叫声提醒百姓应该种庄稼了。日复一日，年复一年，杜鹃鸟啼叫得嗓子都流血了，也不愿意停下。这种强大的责任感真是让人敬佩。而且杜鹃鸟还有一个名字，叫布谷鸟，就是因为它啼叫时好像在说'布谷'，就是'播散种子'的意思！"

小猪屏蓬恍然大悟地说："猪战神长学问了。杜鹃鸟真是好样的！"

五彩池强援星叶草
血杜鹃化身杜宇王

我们正和杜鹃花精灵聊天，独叶草精灵忽然大叫了起来：
"不好了！四只瘟兽去五彩池了！"

小猪屏蓬一脸疑惑地说："五彩池不是在九寨沟吗？难道
四只瘟兽又杀回去了？"

我一边看昆仑镜一边解释："独叶草精灵说的五彩池是**黄
龙五彩池**，虽然名字一样，但是比九寨沟的五彩池大多了！黄
龙五彩池是由 693 个五彩斑斓的小池组成的梯形钙华彩池群，
彩池的大小不等，形状各异，坐落在主景区黄龙沟的最上端，
是黄龙沟的精华景点。那里游人非常多，瘟兽要是在那里传播
瘟疫可就危险了！"

神农一听，赶紧朝着五彩池的方向狂奔。狐翎提醒道：

"神农，你别跑太快，这里海拔有 3000 多米，小心产生高原反应！"

景点知识卡：黄龙五彩池

　　黄龙五彩池是由一个个五彩斑斓的梯形彩池组成的钙华彩池群，是世界最大、海拔最高的钙华彩池群。黄龙五彩池有 693 个池，层层排列，由高到低，像梯田一样。彩池大小不等，形状各异，像是盛满了各色颜料的水彩板。五彩池的水色彩斑斓，主要有四个原因：一是与池底石笋和沉淀物的颜色有关；二是与湖水对太阳光的散射、反射和吸收有关；三是与水里的水生生物有关；四是因为周围环境在水中的倒影色彩纷呈。

　　我们也跟着朝五彩池进发。看到五彩池的一瞬间，我们又被仙境一样的绚丽景色惊呆了。只见几百个大大小小的彩池层层排列，错落有致。大的彩池有几十平方米，小的只有几平方米。小猪屏蓬的两个小猪头上嘴都张得大大的："哇，这个颜料碟大得没边了，不知道是哪位神仙用过的。"

　　我正东张西望地四处找瘟兽的踪迹，小猪屏蓬忽然举着钉耙在池子边沿跳来跳去，嘴里还大喊着："大笨牛蜚，你跑不了，猪战神一定抓住你！"

　　只见池子里突然出现了蜚，他不停地从一个池子里冒出来，又瞬间钻到另一个池子里。小猪屏蓬就像打地鼠一样砸来砸去，可是连蜚的一根毛都没打着。小猪屏蓬累得气喘吁吁，一不留神，蜚唰的一下从小猪屏蓬身后的池子里冒了出来，一脚踢在小猪屏蓬的屁股上。小猪屏蓬一头栽进了水池里，两只脚丫子在水面乱蹬着。蜚得意地哈哈大笑。

　　絮钩也突然出现，他控制着水流形成一只大手，朝着小猪屏蓬狠狠拍下去。神农眼疾手快，甩出药鼎啪的一下就把絮钩的大手给打散了。眼看神农冲过来，蜚和絮钩瞬间消失了。

　　神农伸手提着小猪屏蓬的脚丫子把他拎了出来，望着大大小小的彩池郁闷地说："郭神仙，我好像眼花了，我怎么看每个池子里都有瘟兽啊！"

　　不只有神农，我也有这种错觉。我很快反应过来："大家小心！瘟兽的妖术让我们产生了幻觉！"

　　我们背靠背站在水池里，不一会儿就头昏眼花得更严重了，意识都变模糊了。这肯定是剧烈运动后产生的高原反应，

现在被瘟兽的妖术给放大了。瘟兽们选择在五彩池制造幻象，实在是太阴险了。

忽然，一股奇怪的味道传进了我的鼻腔，虽然难闻，却让我恢复了一丝清醒。我看到一个小小的植物精灵蹦蹦跳跳地沿着池边朝我们跑过来，怪味就是从精灵身上发出的。他的头上长着几片有锯齿的绿叶，身体像个巴掌大的小孩。他着急地喊着："神农，快醒醒啊！你们不能沉浸在妖怪制造的幻象里！"

神农像喝醉酒一样，两眼无神地说道："你是谁啊？"

小精灵大叫："我是**星叶草**精灵！"

植物知识卡：星叶草

星叶草是国家重点保护野生植物，植株高3~10厘米。星叶草生长环境特殊，喜欢阴暗潮湿的环境，但又需要散射光。凡是阳光直接照射的地方，星叶草都没办法生长。星叶草分泌出的一种特殊气味，会影响周围植物的生长。

星叶草精灵跳到了神农的肩膀上，他从头上揪下来两片叶子揉碎了，我们周围弥漫的那股特殊的味道更浓了，我的大脑彻底清醒了。杜鹃花精灵一声尖叫，漫天的杜鹃鸟泛着红光从四面八方朝我们飞了过来，五彩池里瘟兽的妖气被驱散了。

千百只杜鹃鸟在空中形成了一个巨大的螺旋，一个头戴王冠的男人出现在五彩池的上空，正是传说中的古蜀王杜宇。

强大的仙灵之气让躲在暗处偷偷观察的四只瘟兽逃之夭夭了，他们在五彩池制造的幻象也灰飞烟灭。杜宇对我们摆摆手，消失在漫天飞舞的鸟群中。

星叶草精灵站在远处对我们挥挥手说："我身上的味道不招人喜欢，妖怪打跑了，我也回家了，再见！"

神农着急地叫道："星叶草精灵别走，虽然你身上的味道不好闻，但是这股特殊味道却能破除妖怪的幻术！你有这样的本事，为什么不加入我们和我们一起对抗瘟兽呢？"

星叶草精灵激动地问道："我也能跟你们一起去大冒险吗？"

独叶草精灵在神农的肩膀上蹦蹦跳跳地说："为什么不能？神农已经召唤了几十个植物精灵了！快来吧，星叶草！"星叶草精灵开心地跳了起来。

大家说话的工夫，狐翎从五彩池水面上捏起一团妖气按在昆仑镜上，我们发现，四只瘟兽离开黄龙风景区后，逃向卧龙自然保护区了……

第九回

卧龙区瘟兽捉熊猫
甘海子黄连治泻痢（下）

我收起昆仑镜，对大家介绍道："**卧龙自然保护区**的面积有2000 平方千米，是我国第三大自然保护区，距离黄龙风景区约300 千米，在黄龙风景区的正南方。保护区目前开放的旅游景点有：中华大熊猫苑神树坪基地、大熊猫博物馆、动植物标本馆、英雄沟、银厂沟等。大熊猫苑神树坪基地是游客数量最多的景点，四只瘟兽要是跑到那里去散播瘟疫就糟了！"

神农听了二话不说，收起药鼎就率先朝着卧龙方向狂奔而去。我们紧跟着神农，也朝着卧龙进发。

我们飞到中华大熊猫苑神树坪基地的时候，神农已经到了。这里的国宝大熊猫数量真多！每个年龄段的大熊猫都憨态可掬，让我们的心情一下放松了不少。

景区知识卡：卧龙自然保护区

卧龙自然保护区位于四川省汶川县西南部，是一个以保护高山生态系统及大熊猫等珍稀物种为主的综合性国家级自然保护区。区内分布着100余只大熊猫，约占全国大熊猫总数的10%，因此，卧龙自然保护区又被誉为"熊猫之乡"。

狐翎捏起一点儿妖气按在昆仑镜上，发现四只瘟兽已经不在神树坪基地，而是在一个大湖的附近。

我拿出地图查看，原来四只瘟兽已经离开神树坪基地，去了20多千米外的**甘海子**。

景区知识卡：甘海子

甘海子位于四川省阿坝藏族羌族自治州汶川县卧龙镇转（zhuǎn）经楼村，处在卧龙自然保护区内。甘海子地方不大，但有大片的高山草甸。在高山草甸之中，还有天然形成的湖泊，像镶嵌在高山的明珠，绝美的自然风光吸引了不少游客前往观光。

狐翎皱着眉头说："我们上当了！瘟兽肯定是故意在神树坪基地留下妖气的，目的是把我们骗到这里，他们好趁机逃窜到人少的地方抓大熊猫。大熊猫在古代叫食铁兽，传说蚩尤的坐骑就是食铁兽。他们肯定是想把大熊猫改造成帮他们作恶的妖怪！咱们得抢救那些大熊猫。"

我们急匆匆地朝着甘海子狂奔，据说卧龙自然保护区共有100多只大熊猫，其中光甘海子风景区就有30多只。

我们四个刚到甘海子就傻眼了，因为我们发现，四只瘟兽已经把甘海子的30多只大熊猫都给圈起来了。然而，这些可爱的大熊猫丝毫没有察觉，正一心一意地啃竹子呢。

小猪屏蓬和神农正要冲过去救大熊猫，却被狐翎拦住了："别去，大熊猫的身体里有妖气，不知道瘟兽做了什么手脚。"

蜚得意地狂笑："还是小狐狸聪明，这些食铁兽已经被我的病气控制，变成我的傀儡了。食铁兽，给我咬死这几个家伙！"

絜钩、跂踵还有猼也在大熊猫群里狂笑，笑声中一股黑色的妖气扩散开来，那些正在吃竹子的大熊猫突然眼睛通红，怪叫着张牙舞爪地朝我们扑了过来！

我感到头皮发麻。大熊猫现在变得比狗熊还狂躁，可是我们根本不敢对这些国宝进行任何攻击，只能狼狈不堪地跳到了树上。

可是大熊猫也会爬树，它们抱着树干朝我们步步逼近。

忽然，好几只大熊猫一边爬树一边拉出来很多绿油油的粪便。小猪屏蓬深吸了一口气说："不愧是国宝，拉出来的便便都是香的！"

狐翎抱着树杈说："屏蓬你真恶心！大熊猫的便便之所以是香的，是因为它们的消化系统还保留着食肉动物的特性。它们吃进去的大部分食物，还未被消化就被排出来了。"

我着急地说道："咱们得想办法把蜚的病气从大熊猫身体里赶出来！"

话音刚落，一个脚丫好像鸡爪子的小精灵跳到了神农的肩膀上，他除了头顶戴着几片绿叶，全身上下的皮肤都是黄色的。

神农用牛鼻子在他身上闻了闻，说道："我猜你是**黄连**精灵！你能治好大熊猫的病吗？"

黄连精灵用清脆的声音喊道："放心交给我吧！黄连炸弹！"

黄连精灵一挥手，一连串黄色的小"手雷"飞了出去，砸在大熊猫和瘟兽们的身上，砰砰砰炸出了一大片黄色的烟雾。

四只瘟兽全都痛苦地咳嗽起来。蜚直接从巨人变回独眼牛，吐着舌头怪叫："这是什么鬼东西？好苦啊……"瘟兽们飞速地往后退，想离这些黄连粉末远一些。黄连粉末扑在大熊猫身上，被大熊猫吸进了嘴里。它们身体里的病气被驱散了，眼睛不再是血红色，拉肚子的症状也消失了。

植物知识卡：黄连

黄连又名鸡爪连，因为其根切片后很像鸡爪而得名。黄连一般生长在海拔1000多米的山地或山谷阴处，喜欢阴凉隐蔽的密林。黄连入药最早记录在《神农本草经》里，有清热祛湿、泻火解毒的功效。但它的味极苦，所以有这样一句歇后语：哑巴吃黄连——有苦说不出。

小猪屏蓬踩着小祥云，抢起九齿钉耙朝瘟兽冲了过去，嘴里呐喊着："你们这些瘟兽死定啦，猪战神今天就让你们体验一下什么是'哑巴吃黄连——有苦说不出'！"

四只瘟兽被黄连炸弹炸得毫无斗志，化成黑雾逃走了。

小猪屏蓬走到黄连精灵面前好奇地问："黄连精灵，你为什么长了两只鸡爪子？"

黄连精灵淡定地回答："因为我们黄连的根切片后很像鸡爪，而且越像鸡爪说明我们的品质越好！"

第十回

救熊猫师徒闯关沟
箭竹精神勇大反击

　　小猪屏蓬和黄连精灵聊天的时候，我和狐翎一起在昆仑镜上追踪四只瘟兽的踪迹。只见昆仑镜中出现了一个山清水秀、人烟稀少的地方：在茂密的丛林里，金钱豹和雪豹的身影若隐若现，还有大熊猫。我脱口而出："同时拥有金钱豹和雪豹这两种大型猫科动物的大熊猫栖息地，世界上只有一个，那就是**卧龙关沟**。据说卧龙关沟地形复杂，咱们得加倍小心！"

　　神农给我们刚治好的大熊猫注入了他的仙灵之力，往后一段时间，这些大熊猫都可以抵抗瘟兽的妖气了。然后，我们就朝着卧龙关沟前进。

　　甘海子离卧龙关沟只有几千米的路程，我们转眼间就到卧龙关沟的沟口了。卧龙关沟的路很难走，很多地方都需要手脚并用，我们必须抓着路边的树枝和藤蔓才能安全通过。

卧龙关沟的风景如诗如画，这里人迹罕至而且空气清新，四周薄雾涌动，让我们感觉犹如置身仙境。

景点知识卡：卧龙关沟

卧龙关沟，位于四川省阿坝藏族羌族自治州汶川县境内，当地人称为水牛沟。这个地方虽不如五彩池、甘海子等有名，但是这里不但有大熊猫，还有金钱豹和雪豹，是世界上唯一同时拥有金钱豹和雪豹这两种大型猫科动物的大熊猫栖息地。每到冬天，雪会把这条美丽的沟覆盖，形成冰瀑布，非常壮观。

小猪屏蓬忽然两个脑袋一起打了个喷嚏，他搓着自己的猪鼻子说："晓东叔叔，这沟里冷得不正常啊！猪战神都被冻得流鼻涕了。"

狐翎点点头说："现在明明是夏天，卧龙关沟的海拔也就2000多米，但有的地方竟然都结冰了！"

狐翎话音刚落，山间沟谷里忽然妖气猛涨，半空中黑雾弥漫，气温瞬间下跌，天空中竟然飘起了雪花。除了神农，我们

全都冻得瑟瑟发抖。狐翎放出几团火焰莲花，围着我们慢慢旋转，才使得我们不被寒冷的妖气侵入身体。

神农警惕地说："又是瘟兽在搞鬼，大家小心被偷袭！"

我们循着小路继续前进，发现旁边的岩石上已经出现了一个个冰瀑。

小猪屏蓬忽然指着前方大呼小叫起来："不好了！大熊猫被冻成冰块了！"

话音刚落，我们头顶传来了一阵扇动翅膀的声音，哗啦一声水响，一股冰水从天而降，落在小猪屏蓬的身上，把他冻成了一个冰雕。

我抬头一看，絜钩落在旁边的树枝上得意地狂笑："想不到吧！瘟神爷爷的水魔法升级了！我现在不但可以操纵水流，还可以让水瞬间结冰，就算西王母来也救不了你们！"

　　狐翎和毕方鸟一起释放火焰，想化开冰块，救出小猪屏蓬和大熊猫，但絜钩用妖术冻结的冰块，融化速度慢得出奇。

　　神农举起青铜药鼎就朝絜钩扔了过去，吓得絜钩怪叫着飞起来。要用这么大的药鼎砸中絜钩实在不容易。跋踵、蜚和猴也出现了，四只瘟兽一起朝我们发动了攻击。

　　就在狐翎和神农手忙脚乱努力防御的时候，我们脚下传来一阵响动，只见一排细长的竹笋突然从地底冒了出来，在我们面前形成了一个护盾。一个身材细长、浑身翠绿的小精灵出现在我们眼前，他的头上长满了竹叶。

　　小精灵高呼一声："妖怪不要猖狂，我**箭竹**精灵来了！"

　　说话间，箭竹精灵的小手一挥，那些竹笋嗖的一下长成了一大片细长的箭竹。箭竹精灵控制着箭竹齐刷刷地向后弯曲，然后嗖的一声弹了出去。这些箭竹的枝干又长又细，韧性也极好，不但把半空中瘟兽的倒霉光环、毒刺和毒虫攻击全都反弹了回去，还像长鞭

一样把飞在半空中的絜钩和趹踵狠狠地打落了下来。瘟兽发出一片惨叫声。

蜚咬牙切齿地大喊一声："瘟兽合体！"另外三只瘟兽化成一道黑影钻进了蜚的身体里。蜚变身成了一个巨大的牛头人，他张嘴猛喷一口毒气，卧龙关沟所有的箭竹竟然全都开花了。

竹子开花是衰老的表现，那些竹子再也不像之前那么有弹性了，巨大的牛头人一脚就踩碎了一大片竹子。

植物知识卡：箭竹

竹子的品种繁多，有毛竹、麻竹、箭竹等，但只有箭竹深受大熊猫的喜爱。卧龙自然保护区地势较高，而且土壤湿润，非常适合箭竹生长。正是因为箭竹在这里长势良好，且分布较广，卧龙自然保护区才成为大熊猫生存和繁衍后代的理想之地。

我们几个一下就慌了，箭竹精灵也急得直跺脚。忽然，我们周围出现一片愤怒的吼声，四面八方蹿出来好多只大熊猫，它们全都愤怒地朝我们冲过来。

我心里一沉：完了，今天我们死定了。

没想到，大熊猫们的目标不是我们，而是那些瘟兽！箭竹精灵拍着小手喊道："哇！瘟兽让竹子开花，大熊猫没的吃了，所以它们生气了！"

果然，一群大熊猫扑到合体的牛头人身上撕咬着，牛头人惨叫一声解体了，四只瘟兽急忙各自逃命，根本没有还手的机会。想不到发怒的大熊猫战斗力竟然这么强悍。

妖气一散，小猪屏蓬咔嚓一声就把冰块撑破了，狐翎的神火也把冰块里的大熊猫都救了出来。神农召唤天界神光，让无数新的竹子长了出来。大熊猫们的怒气这才平息下来，一个个开心地吃起了翠绿的嫩竹。

小猪屏蓬开心地说："哇，咱们的国宝太厉害了，原来它们个个都是功夫熊猫啊！"

狐翎笑着说："大熊猫在地球上已经生活至少800万年了！它们以前是食肉动物，传说远古时候，大熊猫曾经跟着黄龙云游四方，驱邪降魔，练就了强大的本领。后来它们听了黄龙的话，转而修身养性，才改吃竹子的。"

第十一回

熊猫沟遭遇竹蝗害
玉兰花大义救同伴

我们追踪着瘟兽的踪迹离开了卧龙关沟，这时候天色已晚，大家都又累又饿。小猪屏蓬揉着咕咕响的肚子说道："晓东叔叔，你再不给找点吃的，你的猪战神就要被饿死了……"

我叹了口气，只好在附近找了一个住宿的地方让大家吃饭休息。

第二天一早，我们把小猪屏蓬从被窝里拉出来继续追击四大瘟兽。神农发现瘟兽们竟然又逃到了一个漫山遍野都是箭竹的地方，狐翎疑惑地说："这不是**熊猫沟**吗？那里是卧龙自然保护区的大熊猫的饲养场，沟里是一望无际的箭竹，瘟兽刚刚吃了箭竹的亏，怎么还敢往熊猫沟里跑呢？"

箭竹精灵信心十足地说："这样正好，我要发动熊猫沟所有的箭竹，把四只瘟兽彻底消灭！"

景点知识卡：熊猫沟

　　熊猫沟是卧龙自然保护区的著名景点，和银厂沟隔着皮条河相望，是一对姊妹沟。熊猫沟以前叫英雄沟，后来因为沟里长着一眼望不到边际的箭竹，且是卧龙自然保护区内的大熊猫饲养场，改名叫熊猫沟。

　　我一边思考一边查看旅游手册，同时给大家介绍："狐翎说得没错，瘟兽确实逃进了熊猫沟。熊猫沟和旁边的银厂沟之间有条皮条河，河流的形状像一条卧龙，所以又叫卧龙河。皮条河水流湍急，地势凶险，为瘟兽伏击我们提供了有利条件，因此瘟兽才会有恃无恐。"

　　大家对地形心中有数后，马上向熊猫沟进发。从卧龙关沟到熊猫沟只有十几千米，我们很快就来到了熊猫沟的沟口。熊猫沟里漫山遍野都弥漫着白雾，一条瀑布从悬崖上飞流直下，在谷底发出的响彻天地的水声，听起来就像万马奔腾。

　　小猪屏蓬东张西望地说："没有埋伏啊，我看瘟兽还没缓过劲儿来呢……"

话音刚落，我们就被一群大熊猫包围了。它们浑身散发着妖气，两只小眼睛通红，嘴里发出野兽一样的低吼，不断收缩着包围圈。箭竹精灵一声怒吼："箭竹护盾阵！"

我们附近的箭竹突然活了，它们飞快地移动，在我们周围形成一道绿色的篱笆墙。那群被瘟兽控制的大熊猫一起扑上来，对着我们的箭竹护盾阵又抓又咬。这些平时憨态可掬的家伙突然变得野性十足，破坏力惊人。

不过，熊猫沟里有的是箭竹，箭竹精灵在这里如鱼得水，因此大熊猫虽然非常疯狂，却根本没法靠近我们。

忽然，天空中涌现出大片乌云，一种让人头疼的嗡嗡声不断逼近。狐翎反应最快，她大声预警："这是蜚召唤的竹蝗虫，它们专吃竹子，毕方鸟快带我去阻击它们！"狐翎骑着毕方鸟冲上了半空，三昧真火一起发射，无数竹蝗虫变成一团团小火苗从天而降，好像下起了一场火雨。

不过，铺天盖地的竹蝗虫根本烧不完，还是有大片的虫子落在箭竹上，瞬间就把竹叶吃光了。每一根箭竹都光秃秃的，箭竹护盾阵崩溃了。那些被妖气控制的大熊猫，立刻加快了进攻速度。小猪屏蓬知道不能让这些国宝大熊猫受伤，只好抡着钉耙吓唬它们。可是被妖气控制的大熊猫根本不怕屏蓬的虚张声势，还有两次直接把他给撞飞了。

神农释放出所有的植物精灵，一边奋力防御，一边驱散妖气，希望能帮助大熊猫摆脱妖气的控制。忽然，大地一阵颤动，一大排6米多高的树人战士出现在我们面前。他们的树冠上开满了白色的花朵，一个晶莹剔透的小精灵从花丛里飞了出来。她的头上戴着一朵白色的玉兰花和几片圆圆的绿叶，背上还有一对玉兰花瓣一样的翅膀！

圆叶玉兰精灵轻轻一挥手，嘴里清脆地喊着："天女散花！"

植物知识卡：圆叶玉兰

圆叶玉兰又叫圆叶天女花，落叶灌木，高可达6米，花大而美丽，是一种园林观赏植物，主要分布在中国四川中部及北部地区。圆叶玉兰入药可治腹痛、腹泻、舌苔厚腻等症。

天空下起了一场花瓣雨，把周围的妖气都驱散了。那些眼睛通红的大熊猫瞬间清醒过来，莫名其妙地东张西望。

圆叶玉兰精灵大喊："傻熊猫，瘟兽入侵了我们的家园，

快揍他们!"

　　这一声喊,改变了战场上的局势,所有的大熊猫一起扑向了看热闹的四只瘟兽。跋踵和絜钩飞走了,猴则一头钻进土里,只有傻乎乎的蜚在一群大熊猫的围攻下发出了凄厉的惨叫!

　　蜚被大熊猫围攻的时候,他召唤的竹蝗虫群也崩溃了——有的被烧死,剩下的四散奔逃。

　　我们都松了一口气,狐翎开心地说:"难怪圆叶玉兰又叫天女花,这招天女散花果然战斗力超强,帮我们扭转了战局!"

　　圆叶玉兰精灵听见了,得意地说:"所以,神农的植物精灵军团一定不能少了我!"

　　又一个植物精灵加入了我们的探险团,可是瘟兽们还是逃走了,看来我们还要迎接更多的挑战。

第十二回

大叶柳助战邓生沟
巴朗山惊现巴郎神

四只瘟兽从熊猫沟逃走了，我们发现他们逃向了卧龙自然保护区的边缘地带。

狐翎一边查看旅游手册一边说："四只瘟兽的目标应该是**邓生沟**，邓生沟在巴朗山的半山腰。巴朗山主峰海拔高达 5040 米，所以有'熊猫王国之巅'的称号。从熊猫沟到邓生沟只有 30 多千米，我们走中国熊猫大道，一路向西南方向前进，很快就能到达邓生沟。"

我们马不停蹄地赶到邓生沟，发现瘟兽正在向巴朗山的山顶逃窜。

小猪屏蓬飞不动了，累得坐在石头上直喘气："晓东叔叔，快给我点零食，我需要补充能量！"

小猪屏蓬平时零食不断，尤其喜欢吃猫粮，最近一直追杀瘟兽，连吃饭都不能保证，更别说吃零食了。我从包里取出一些饼干和薯片递给小猪屏蓬，他开心得跳了起来，跟在我们身后一边走一边吃。没走多远，我就听到身后的小猪屏蓬发出一声惨叫："有小偷把猪战神的零食偷走了！"

景区知识卡：邓生沟

邓生沟位于川西高原边缘，卧龙自然保护区内的巴朗山半山腰，海拔 2700 米左右，是"熊猫王国"的核心地带。邓生沟碧绿的溪水和茂密的树林，营造出了一种绿野仙踪的氛围，在这里很容易见到大熊猫和小熊猫。

我们都是一愣，发现旁边密林中，几个像狐狸一样的红色身影飞快地逃走了。小猪屏蓬举起钉耙就追："可恶！一群狐狸精！猪战神的零食你们也敢抢，真是活得不耐烦了！"

狐翎却惊喜地喊了起来："哇！是小熊猫！"

小猪屏蓬两个脑袋使劲摇："不可能，绝对不是大熊猫的宝宝，它们都有大尾巴，分明就是狐狸精！"

我笑着说："小熊猫可不是大熊猫的宝宝。偷走你零食的红毛小动物就叫小熊猫，又叫红熊猫，是一种珍稀动物，是国家二级保护动物。"

小猪屏蓬抓耳挠腮地说："它们既然不是熊猫，为什么要叫小熊猫？"

狐翎替我解释说："小熊猫也长了两只熊猫眼，又和大熊猫住得很近，所以大家才叫它们小熊猫的，其实它们和大熊猫一点儿血缘关系也没有。屏蓬，你得赶快把你的零食抢回来，咱们不能投喂野生动物，它们吃了你的零食有可能会生病的。"

小猪屏蓬点头："猪战神正有此意，它们跑得太快，植物精灵快来帮忙！"一群植物精灵帮助我们围追堵截，总算把几个"零食小偷"给围了起来。

这些呆萌可爱的小熊猫忽然全都用两条后腿站了起来，挥舞着两只小爪子，一副奶凶奶凶的模样，把我们都给逗笑了。据说小熊猫害怕的时候，就会做出这样的威慑动作。不过这样一来，它们抢来的零食都掉在了地上。我往旁边走了几步，让出了一个空隙，几只小熊猫一溜烟逃了。

我们刚松了一口气，旁边的一棵大柳树竟然活了，它一把拎起小猪屏蓬，又重重地将他摔在了地上。

圆叶玉兰精灵惊讶地喊道："**大叶柳**精灵，他们都是神农的朋友，你打错人了！"

植物知识卡：大叶柳

大叶柳是一种灌木或小乔木植物，主要分布在中国四川西部。它的叶片很大，能达到 20 厘米长。大叶柳植株数量不多，属于濒危植物，在卧龙自然保护区内，有大叶柳的保护区。

茂密的树冠里跳出了一个植物小精灵，他的躯干笔直，四肢健壮，脑袋上长着好多 20 多厘米长的柳树叶子。他冷冰冰地说："入侵领地者，杀无赦（shè）！"

话音刚落，好几个大叶柳树人就开始对我们拳打脚踢。

小猪屏蓬气得大喊："这绝对是一个假的植物精灵！"

神农也生气了，抡起赭鞭就对着冲在最前面的大叶柳树人来了一鞭子。神农的赭鞭是植物的克星，打在大叶柳树人的身上，疼得树人蹦起老高，大叶柳精灵也捂着脑袋发出一声惨叫。神农不忍心挥出第二鞭，没想到，蹦起来的树人的树冠里，掉出来一只长得像狐狸、有着白色尾巴和耳朵的怪兽。狐翎眼疾手快，用一团神火把它围困了起来，毕方鸟冲过去，用大长嘴啄得它哇哇直叫。

狐翎大喊："这家伙是《山海经》世界的狔（yǐ）狼，它能引发战争。肯定是狔狼在搞鬼，让大叶柳精灵产生了幻觉，把我们当作妖怪攻击了。"

话音刚落，一个高大的独眼巨人冲过来，一把就把狔狼抢走了。那个巨人正是四只瘟兽合体而成的怪物。他的嘴里传来了蜚的吼声："有了狔狼，这些植物精灵也能变成好战的傀（kuǐ）儡（lěi）！"

说完，独眼巨人用手一攥，狔狼发出一声尖叫。这次不仅大叶柳精灵发疯了，就连我们这边的箭竹精灵和圆叶玉兰精灵也开始抱着脑袋进行无差别攻击。树人战士也都加入了战斗，它们都是庞然大物，发起疯来就连神农也拦不住。

危急时刻，狐翎果断念起了请神咒："普告万灵，土地祇灵，左社右稷，不得妄惊，心向正道，内外澄清，太上有命，搜捕邪精。巴朗山之神阿巴朗依快现身！"

天空中突然出现万丈金光，一位慈祥的老人出现在巴朗山之巅，狔狼的吼声失去了作用，四只瘟兽变成的独眼巨人也瞬间解体！一看情况不妙，四大瘟兽立刻化成黑雾逃走，把狔狼丢在了阿巴朗依的金光下。

　　神农举起药鼎，把四处乱蹿的狳狼砸成了一个肉饼。

　　站在山顶的慈祥老人对我们招招手说："四只瘟兽逃向四姑娘山了，你们可以去找我的四个女儿，她们会帮助你们捉拿瘟兽！"

　　老人说完就消失了。小猪屏蓬对着山头大喊："老爷爷，您的女儿是谁啊？"

　　狐翎淡定地说："前面的四姑娘山，就是阿巴朗依四个女儿的化身。"

　　神农大手一挥："植物精灵军团，向四姑娘山进发！"

第十三回

四姑娘号称蜀山后
太白米驰援救师徒

我们一边赶路，一边在地图上查看**四姑娘山**的地形。邓生沟距离四姑娘山 40 多千米，朝西北方向飞很快就能到。狐翎凭借超强的记忆力，用最快的速度对所有信息进行分析："四姑娘山的峡谷很深，周围雪山高耸。这里野生动物很多，除了大熊猫，景区里还有金丝猴、白唇鹿。咱们如果在峡谷和瘟兽发生战斗，一定要特别注意保护这些珍稀动物。"

神农点头说道："我会小心的！希望会有熟悉当地情况的植物精灵来帮忙。"

小猪屏蓬追问狐翎："阿巴朗依爷爷不是说，四姑娘山有他的四个女儿吗？咱们到那里就召唤她们帮忙，四只瘟兽肯定得倒霉！"

景区知识卡：四姑娘山

四姑娘山位于四川省阿坝藏族羌族自治州汶川县、小金县和理县之间。四姑娘山山势陡峭，有现代山岳冰川，海拔5000米以上的雪峰就有85座，终年积雪。这里野生动物资源丰富，不仅是大熊猫的栖息地之一，也是川金丝猴、白唇鹿、雪豹、扭角羚等17种国家一级保护动物的家园。传说四座山峰是四位勇敢的藏族姑娘的化身，她们将自己的身躯化成山峰，镇压着恶魔墨尔多。

狐翎点点头说："传说四姑娘山的四位女神曾镇压过恶魔，她们肯定站在正义的一边，但我担心瘟兽也会找帮手。"

转眼我们飞到了四姑娘山。狐翎伸出小手指着周围的环境介绍："看，这就是四姑娘山的'三沟四峰'。三沟就是双桥沟、长坪沟、海子沟，每一条沟里都有美不胜收的景点。那四峰就是大姑娘山、二姑娘山、三姑娘山和幺妹峰。最高的幺妹峰海拔约6250米，是四川的第二高峰，仅次于被誉为'蜀山之王'的贡嘎（gā）山。咱们前面就是双桥沟。"

小猪屏蓬嘟囔着："想不到四姑娘中最小的妹妹反而最高，

神农快用请神术把她们都叫出来，帮咱们抓瘟兽吧！"

这时，双桥沟刮起了一股妖风，我们周围飞沙走石，植物眼看着枯萎了，旁边的小河也瞬间断流，露出了河底的石头。一个石头人迈着震天动地的脚步从一座大山后面走了出来。他的身高超过了周围的大树。最要命的是，这个石头人一出现，我们就像中了定身术一样，浑身发麻，动弹不了了。

天空中传来了跂踵得意的狂笑："哈哈哈！想不到吧？不是只有你们能利用各个地方的神仙，我们这次先下手为强啦。我们不但召唤出四姑娘山的噬（shì）心魔墨尔多，还用妖气压制了传说中的四姑娘！"

石头人咧嘴笑了，我们看到他嘴里的牙齿上带着鲜血。他瓮声瓮气地说："这几个家伙身上带着仙灵之气，这样的心最好吃！没想到我墨尔多还有出来的一天，我要把你们的心都挖出来！"

这个恶魔一说话，一股恶臭从他的嘴里喷了出来，我们几个都不约而同地吐了。这下完了，连咒语都没法念，想找帮手都不行。小猪屏蓬嘟囔着："噬心魔是吃心的妖怪吗？猪战神的心可不想被这个恶心的家伙吃掉！"

忽然，好几块白色的石头从周围的山上滚落下来，石头一

落地就像炸弹一样爆出几团白色的烟雾，瞬间就把我们周围黑色的妖气给冲散了，我们马上就不觉得恶心了。一个长得像土豆一样的小精灵在半山腰朝我们大喊："神农快跑啊！在墨尔多的妖术控制范围里，谁也打不过他，先跑出去再说！"

原来是这个小精灵帮我们恢复了行动自由。狐翎奋力扔出一团神火，我们几个转身就跑。蜚、跋踵、絜钩和猴在后面对着我们扔倒霉光环和毒刺。

脱离了妖气的包围，神农马上用了一招乾坤大挪移，带着我们藏到山脚一个隐蔽的地方。我们累得上气不接下气，那个长得像土豆的小精灵蹦蹦跳跳地出现在我们面前，他的脑袋上长着几片普普通通的绿叶，绿叶之间挂着一颗颗褐色的小米粒。

狐翎感激地说："谢谢你救了我们，你叫什么名字？"

小精灵笑眯眯地说："我是**太白米**小精灵。我也是一种中药，能治疗呕吐和胃痛。"

神农点头："怪不得你一出现，我们就不吐了。那个噬心魔墨尔多的妖气可真是恶心死了！"

太白米小精灵说道："墨尔多是个吃人心、吸人血的恶魔，他的干旱术比蜚还厉害！因为这里是他的老家，所以一旦恢复了自由，这个墨尔多几乎是没有对手的。"

植物知识卡：太白米

太白米是一味中药材，用于治疗胃痛腹胀、呕吐、风寒咳嗽等。太白米未成熟时呈白色，成熟后逐渐变成褐色，表面的皮里有数层肉质鳞片紧挨在一起，看起来就像米粒。

我着急地说："不是说有四姑娘山能镇住恶魔吗？"

太白米小精灵点头："恶魔墨尔多本来在几百年前就被四姑娘用雪山镇压了，可是四只瘟兽来了以后，用自己的妖气复活了墨尔多。要想打败他，还得四位姑娘帮忙。不过咱们先要找到山里的两件宝贝——日月宝镜和人参果，才能让四位姑娘恢复法力。"

神农点头："太白米小精灵，快告诉我们到哪里才能找到日月宝镜和人参果吧！"

狐翎举着自己的聪明毛说："我已经知道日月宝镜的位置了！咱们兵分两路，我和神农去日月宝镜山找日月宝镜，太白米带着晓东叔叔和屏蓬去人参果坪找人参果！"

第十四回

考察队分组寻二宝
四姑娘现身除恶魔

我们听从狐翎的建议分头行动。狐翎骑着毕方鸟在前面为神农引路。她一边飞行一边给神农讲解："在双桥沟景区里，有一座**日月宝镜山**，峰顶有一块长方形巨石，据说这就是日月宝镜的化身。当年四位姑娘和墨尔多激战时用的日月宝镜被打坏了，掉在山上，变成了镇山之宝，继续镇压着恶魔墨尔多。"

刚冲到日月宝镜山的山顶，神农和狐翎就傻眼了。只见那块长方形的巨石被打得四分五裂，不用说，这肯定是四只瘟兽干的。没有日月宝镜的震慑，恶魔墨尔多自然就脱身了。神农大声念起了咒语："*天之光，地之光，日月星之光，神光照十方！*"

万丈光芒从天而降，日月宝镜巨石迅速重新组合，恢复成原来的样子，一面古色古香的铜镜从巨石的裂缝里飞出，正是日月宝镜！神农一把接住宝镜，大声说道："狐翎，咱们赶快下山！"

景点知识卡：日月宝镜山

日月宝镜山位于双桥沟一侧的山脊，海拔 4800 米。它的峰顶有一块巨大的长方形岩石，朝着东南方向倾斜，岩石上有一条断痕，把岩石一分为二。这两块岩石四季被冰雪覆盖，就像挂在天上的两面明镜，左边像一个"日"字，右边像一个"月"字，所以被称为"日月宝镜"。

这个时候，我和小猪屏蓬正在空中并排飞行。我的脚下踩着桃木剑，飞得摇摇晃晃，无论如何，我可以飞起来了。我们眼前出现了一片大草甸，这就是离双桥沟 10 千米左右的**人参果坪**。

太白米小精灵站在小猪屏蓬的头顶大声说："咱们快下去，我带你们找人参果。"太白米小精灵口中的人参果是一种叫鹅绒委陵菜的植物，其不仅营养价值高，而且还可药用。

我们降落在人参果坪，小猪屏蓬一边流口水一边仔细地寻找人参果。忽然，他看到了一棵植物上结着几枚黑色的果实，便伸手摘下一枚放进嘴里。

景点知识卡：人参果坪

　　人参果坪海拔3300米，是双桥沟冰川地貌的终点，得名是因为这里生长着一种名贵的植物，学名叫"鹅绒委陵菜"，嘉绒藏族人称之为人参果。人参果皮黑肉红，味道甘甜，既可食用，也可入药，药用能治疗肿瘤，坏血病等症。

　　我和太白米小精灵同时大叫一声："不要吃！"

　　可是已经晚了，那颗果实上突然弹出来一圈红色的尖刺，把小猪屏蓬的鼻子给扎破了。小猪屏蓬"哎哟"一声，把这个扎人的果子扔了出去。果子掉在地上，变成了一个红色的刺猬——原来是猴变的！

　　猴的尖刺有毒，我眼看着小猪屏蓬的四只眼睛变成了血红色，然后他怪叫一声，举起九齿钉耙就朝我打过来！

　　我吓得跳到桃木剑上，一边后退一边大喊："小猪屏蓬快醒醒！你中毒啦！"

　　小猪屏蓬飞得比我快，眼看就要打中我了。我现在什么法术都不会，绝对扛不住小猪屏蓬的一耙子。就在他经过一棵大树的时候，从树上跳下来一个小精灵，正好落在了小猪屏蓬的脑袋上。这个小精灵长得白白嫩嫩，脑袋上开着的红色的芍药花分外艳丽。她伸出两只小手，抓住小猪屏蓬的一只耳朵，朝里面吹了一口气。小猪屏蓬的这个脑袋立马清醒过来。但另外一个脑袋还是两眼通红，怪叫着想要咬人。

芍药花小精灵惊险地从空中跳到了另一个猪脑袋上，对着其中一只猪耳朵又吹了一口气，小猪屏蓬这才彻底清醒了。他气鼓鼓地说："这个可恶的猴，竟敢暗算我猪战神！"

看到小猪屏蓬已经清醒，猴赶紧打洞逃了。

我向小精灵道谢："多亏你救了我

们，你叫什么名字？"

小精灵奶声奶气地回答："我叫**川赤芍**，神农在哪里？"

植物知识卡：川赤芍

川赤芍是中国特有的植物，分布于四川、西藏、甘
肃、青海、陕西等地，是较矮小的芍药属品种。川赤芍的
根可作药用，有活血、凉血、清热解毒的功效，还有镇
静、镇痛、镇痉、抗炎等作用。

小猪屏蓬着急地说："你先帮我们找到人参果，神农一会
儿就会来跟我们会合的！"

川赤芍小精灵像变魔术一样飞快地掏出一个紫红色的果实
说："人参果有的是，咱们快去找神农吧！"

正在这时，我们身后传来一阵嘈杂的喊声，蚩的声音最
大："抓住他们！把日月宝镜抢过来！"

我们回头一看，是神农和狐翎朝我们跑过来了，后面跟
着两个巨人，一个是噬心魔墨尔多，另一个是变身巨人的独眼
蚩。神农和狐翎一边跑一边还击，但是他俩都被跂踵的倒霉光
环给击中了，越跑越慢。

我和小猪屏蓬朝着他俩冲过去，准备跟妖怪拼命。狐翎大声喊道："我们拿到日月宝镜啦！"

噬心魔墨尔多一声怪叫，突然腾空跳起来，朝着狐翎手中的日月宝镜抓去。我们都惊呆了。危急时刻，狐翎的身边突然跳出来一高一矮两个树人。矮小的树人一个前扑抱住了墨尔多的腿，高大的树人奋力一推，墨尔多轰隆一声就摔了个嘴啃泥。

川赤芍小精灵一声欢呼："耶！是**沙棘**树人爷孙两个来助战啦！"

植物知识卡：沙棘

沙棘本来是落叶灌木，只能长到 1 米多高，但若生长在高山沟谷中则可以长成二三十米高的乔木。沙棘果实维生素 C 含量高，有"维生素 C 之王"的美称。沙棘能承受的极端低温可达零下 50 摄氏度，极端高温可达 50 摄氏度，极耐干旱、贫瘠、冷热，常用于沙漠绿化、保持水土。四姑娘山国家级自然保护区拥有"世界最大中国沙棘天然林"和"世界最大年龄中国沙棘树"两个世界之最。

小猪屏蓬赞叹一声："这小孙子还挺聪明，抓住妖怪的腿，这叫四两拨千斤。"

川赤芍小精灵喊道："错啦错啦，小个子的是爷爷，大个子的才是孙子。他们的身高差距很大是因为小孙子长在高山沟谷里，一口气长到了18米，但是沙棘爷爷长在普通的山上，身高只有1.5米。但他们都是同一个沙棘家族的成员。"

说话的工夫，我们周围狂风大作，在东南西北四个方向分别出现了一个藏族姑娘。她们冷冷地看着墨尔多和蜚，眼睛里都是杀气。

狐翎大喊一声："四姑娘，接住宝镜!"她奋力把日月宝镜扔向了个头最高的姑娘。川赤芍小精灵也把人参果朝四姑娘扔了过去。高个子姑娘伸手接住了宝镜，对着阳光一照，一片耀眼的金光投射在了墨尔多的身上。墨尔多浑身冒起了白烟，发出的惨叫声在周围的山谷里不断回荡。蜚变成的独眼巨人一看大事不好，化作一团妖气溜走了。

四位姑娘吃下人参果，法力变得更强了，她们用日月宝镜再次把墨尔多镇压在了山下。

第十五回

海螺沟勇闯磨西台
千里光镇压恶蛟龙

　　我们告别了四位女神，离开四姑娘山，向**海螺沟景区**进发。从我手里的昆仑镜中可以看到，瘟兽们正逃向西南方向 300 多千米的海螺沟。狐翎坐在毕方鸟的背上，向我和小猪屏蓬介绍道："海螺沟是中国唯一的冰川森林公园，那里雪峰林立，植被丰富，还有温泉。海螺沟景区在贡嘎山东坡，贡嘎山是四川省境内的第一高峰，主峰海拔 7000 多米。"

　　听说海螺沟有温泉，小猪屏蓬马上有了洗澡的想法，不由自主地加快了速度。我们到达的第一站是海螺沟的**磨西台地**。从半空中远远看去，磨西台地就像一个连接大山和山谷的巨大台阶。这里四面环山，峡谷中的台地形状好像一条蜿蜒曲折的巨龙。磨西台地上还有一个小镇，就是有名的磨西镇。

景区知识卡：海螺沟景区

　　海螺沟景区是中国唯一的冰川森林公园，位于四川省甘孜藏族自治州泸定县磨西镇，在有"蜀山之王"之称的贡嘎山东坡。海螺沟景区有海螺沟、燕子沟、南门关沟、磨子沟、雅家埝（gěng）和磨西台地六个景区，是中国香格里拉生态旅游区的重要组成部分。海螺沟景区一半在贡嘎山雪峰上，另一半覆盖着茂盛植被，两部分景色如同天地之分，冰雪与温泉交融，冰川与森林共生，当地人说海螺沟"一半在天上，一半在人间"。

景点知识卡：磨西台地

　　磨西台地坐落在贡嘎山东坡磨西河畔，是我国重要的地质遗迹资源。台地是一种地形的名称，可以理解为巨大的台阶。台地周围的结构直立而陡峭，顶部比较平坦。台地这种地形是剧烈的地壳运动形成的，通常出现在山地的边缘地带，在高原和平原衔接的位置。

还没顾得上欣赏磨西台地的景色，小猪屏蓬就叫了起来："晓东叔叔快看，台地上面有妖气！"

小猪屏蓬这一嗓子，吓得我差点从桃木剑上掉下来。我仔细一看，那个龙形台地的一角果然妖雾弥漫，乌云盖顶，在云朵里还隐约有电闪雷鸣。

神农在我们下面一边狂奔一边大喊："这是瘟兽在进行召唤仪式，不知道在召唤什么东西，快打断他们！"

狐翎深吸一口气，从毕方鸟的背上站起来大叫一声："三昧真火！"

狐翎的手里飞出两种颜色的火焰，一种是神火红莲，另一种是绿油油阴森森的狐火。毕方鸟一张嘴，一道火蛇喷了出来，三种火焰一起冲向了妖气密布的地方。

我精神一振，最近经常御剑飞行，我也开始隐约感觉到身体里有一种说不出来的力量。我忍不住拿出了乾坤圈，想试试自己能不能让这个宝贝发挥威力，于是喊道："八方威神，洞罡太玄，斩妖除魔，杀鬼万千！"乾坤圈嗖的一声飞了出去，和狐翎的三昧真火一起冲向了妖气。

忽然，磨西台地摇晃起来，就像是发生了地震一样。一阵龙吟声响起，一条黑色的蛟龙从台地里蹿了出来。蛟龙浑身妖气缭绕，磨西台地的上空瞬间乌云密布、飞沙走石。

狐翎叫道："坏了！传说磨西台地有一条观音大士镇压的蛟龙，难道是四只瘟兽给它解除了封印？"

这时候，狐翎的三昧真火和我的乾坤圈都接近了目标。乾坤圈啪的一声就打中了蛟龙的脑袋，蛟龙发出一声惨叫。可惜我的功力不足，乾坤圈并没有把蛟龙打死，反而让它变得更加狂躁了。狐翎的三昧真火也击中了蛟龙，可是同样没有给它造成致命打击。蛟龙一声怒吼，台地上空的电闪雷鸣变成了风暴，整个台地震动得更厉害了。

狐翎着急地叫道："台地有崩溃的危险。传说蛟龙是被观音菩萨用三根定海神珍镇压在这里的，如果蛟龙跑出来，台地可能会崩溃的！"

下面传来了蜚的狂笑："你们知道得太晚了！蛟龙已经复活，你们完蛋了！"

神农大叫一声："不要得意得太早，我们有的是植物精灵！北斗七元，神气统天，天罡大圣，威光万千。精灵现身！"

一个全身金光闪闪的小精灵出现了，他的身材比普通植物精灵的还要瘦小，头上开满了黄色的小菊花，花瓣细得像针。

小精灵高声叫道："我叫**千里光**，我有观音菩萨留下的绝招，我能重新镇压蛟龙！千里之光，光照千里！"

植物知识卡：千里光

千里光是一种黄色的小菊花，全草可以入药，有清热解毒、明目退翳（yì）、杀虫止痒的功效，还可以治疗流感、急性肠炎、湿疹和烧烫伤等。

千里光小精灵张开两手，地面上长出来大片大片的小菊花，把磨西台地变成了一片菊花的海洋。金色的光芒冲天而起，驱散了漫天的妖气和黑雾，金光中隐约出现了观音大士的身影。

蛟龙一声惨叫，好像被一只看不见的大手狠狠按住，重新陷入了磨西台地。我们周围的金光化作三根巨大的定海神珍，瞬间刺进了大地。台地的震动停止了，漫天的黑雾消失了，四只瘟兽见大事不好，瞬间溜之大吉。

第十六回

四瘟兽掠夺红石滩
石仙桃发射麻醉弹

我们一路追踪着四只瘟兽的痕迹跑到了一片温泉群。小猪屏蓬开心地喊道："到温泉啦！猪战神要先泡个澡休息一下！"

狐翎提醒道："当心温泉里有埋伏，这边的水面上可是隐隐约约有妖气的！"

小猪屏蓬眨巴着四只小眼睛说道："确实有妖气。哼，猪战神不上当，我要去上游找泉眼，在干净的水里泡个温泉浴！"

说完小猪屏蓬撒腿就跑，一口气就跑到了泉眼附近。我们紧跟着他往前跑，同时警惕地查找四只瘟兽的踪迹。

小猪屏蓬跑到了最高处的一个温泉处，迫不及待就跳了下去，可是刚一入水，他就大呼小叫地从池子里跳了出来："烫死我啦！"

我们都大吃一惊。我小心翼翼地伸手一摸，果然，这温泉水都快烧开了，即便没有 100 摄氏度也差不太多了。

千里光小精灵站在神农的肩膀上哈哈大笑："我说猪战神，我还以为你不怕热水呢。这片温泉群温度差别很大，越靠近泉眼温度越高，最高水温有 90 多摄氏度。不过下面的温泉有的是 35 摄氏度，有的是 25 摄氏度，泡着就比较舒服。"

小猪屏蓬郁闷地叫道："都说死猪不怕开水烫，可我是活的，当然怕烫啊！"

千里光小精灵一挥手，无数金色的花瓣飘落在小猪屏蓬的身上，瞬间就钻进了小猪屏蓬的皮肤里。随即，小猪屏蓬的两个脑袋就一起咧着嘴笑了："哇，好舒服，我不疼了！"

千里光小精灵得意地说："我能治疗烧伤和烫伤。你最好别随便下水了，这里的温泉是地下岩浆烧热的，你从下面找个温度合适的池子泡一泡，解解乏就上来，咱们还得去追瘟兽呢！"

小猪屏蓬答应着，一溜烟跑去找温度合适的温泉泡澡。我们也在后面跟着，以防他又做出什么离谱的事情来。不一会儿，我们就到了一处温度合适的温泉，小猪屏蓬立马跳了下去。说实在的，我们也觉得很疲劳，就坐下来休息。毕方鸟伸着长脖子到温泉里去喝水。神农也趴在泉水边直呼："好水！好水！"

　　神农低头看着自己透明的肚皮继续说道："这水能舒筋活血，还可以治疗高血压、冠心病和脑血栓，真是难得的好水。不过这温泉绝对不能泡太久，因为这里是高原，人在这里本来就会有高原反应，如果长时间泡在温泉里，人会血压升高，心脏负荷过重。"

　　神农话音刚落，我们就听见了小猪屏蓬的呼噜声，这家伙竟然在温泉池里睡着了。

　　小猪屏蓬被我们从水里拖出来后，满腹牢骚地跟着我们继续前进。很快我们就来到了一片河滩上，这片河滩到处都是石头坑。千里光小精灵大吃一惊："哎呀！红石头去哪儿了？"

　　小猪屏蓬好奇地问："什么红石头？"

　　狐翎说道："我知道了，这里是著名的景点**海螺沟红石滩**，河滩上的石头都是红色的。对不对？"

　　千里光小精灵连连点头："没错！这里的石头呈现红色是因为上面附着着一种名为乔利橘色藻的藻类。这些红石头一旦离开了这里独特的环境，上面的藻类也就死定啦！"

　　神农心疼地问道："这些可恶的瘟兽，他们偷红石头干吗？藻类要是被他们害死了可怎么办？"

　　话音刚落，一声怪叫传来。大家回头一看，一个由无数红石头组成的石头巨人正摇摇晃晃地朝我们走来！不用说，这些石头肯定就是河滩上的红石头！

景点知识卡：海螺沟红石滩

　　海螺沟红石滩位于四川省海螺沟景区雅家埂两河口地带。海螺沟红石非常神秘，是全世界独一无二的奇观。红石的形成，是因为石头上布满了一种红色微生物，这种微生物在高山特有的生态环境内得以繁衍。据研究，这种红色微生物是一种名叫约利橘色藻的藻类植物，这种藻类一般生长在海拔 2000~4000 米的地区，对空气、湿度、温度的要求非常苛刻。

　　石头巨人的身上妖气缭绕，头顶还有一个正在慢慢旋转的巨大的倒霉光环，看来红石滩上的红石头都被瘟兽们用妖气控制了。

　　千里光小精灵气得大叫："可恶的瘟兽，他们是用约利橘色藻的能量来驱动石头巨人的！神农快点救它们，晚一点约利橘色藻的能量耗尽，它们就死光了！"

　　神农怒吼一声，举起巨大的药鼎就冲上去。可是跑了几步他就停住了，因为蜇和猴都藏在石头巨人的身后，而跋踵和絜钩就站在石头巨人的肩膀上。

一瞬间，我们全都傻眼了，这样的"敌人"我们救不了，也没法攻击。瘟兽控制的石头巨人见我们左右为难，突然抬起手臂，用攥着的大拳头狠狠地朝着神农砸了下去！

神农一边闪躲，一边召唤出所有的植物精灵。我们眼前一花，视线就被几十个树人给挡住了。这些树人和神农心意相通，他们一拥而上，有的抱住石头巨人的胳膊，有的抱住石头巨人的大腿，大家齐心协力，大喝一声，把石头巨人给扳倒了！

无数红石头撒了一地，四只瘟兽瞬间组合变身成一个独眼巨人。蛋大声喊："不许躺下，快给我站起来！"独眼巨人朝着红石滩扔出了一团黑色的妖气，那些刚刚落地的红石头，又摇摇晃晃地开始组合了！

这时候，一个陌生的小精灵出现了。他全身碧绿，身材像一个桃子，上尖下圆，头上还长着几片长长的绿叶。他站在旁边岩壁的一棵大树上呐喊："**石仙桃**麻醉弹！"

"砰！"一个绿色的水滴形"炸弹"被扔了出来，正砸在独眼巨人的脑袋上。独眼巨人呆住了，他的动作和语气瞬间慢了好几拍："完……蛋……了……，什么……鬼……法术，我跑……不……动……了……"

植物知识卡：石仙桃

石仙桃是一种草本植物，外形美观，有较高的园艺价值，可以用来装饰园林。石仙桃全草可入药，能用于治咳嗽、头晕头痛、骨折、关节脱位等。另外，石仙桃的汁液还有麻醉作用。

神农看准时机，抡起青铜药鼎冲上去，砰的一声砸在了独眼巨人的脑袋上。巨人巨大的独眼瞬间变成了白眼，轰隆一声倒在地上解体了。

第十七回

瘟兽蜚挟持石仙桃
延龄草不是小气鬼

新来的小精灵名字叫石仙桃，他的绝技是麻醉弹。原来石仙桃的汁液有麻醉的功效，这一点被刻苦修仙的石仙桃精灵利用起来，转变成了重要的战斗手段，效果出奇地好。

我们朝着瘟兽跑过去，他们中了麻醉弹，又被神农用药鼎狠狠砸了一下，这时全都躺在了地上。这还是我们第一次一下打倒了四只瘟兽。蜚躺在地上一动不动，絜钩、趹踵和狭都在慢动作挣扎着，想要变身逃跑，却被几个冲过去的树人一把抓住了。

狐翎忽然着急地喊道："神农快看，红石滩上的橘色藻颜色变黄了，它们快不行了！"

神农冲过去一看，大吃一惊，那些石头果然发黄了，他毫不犹豫地念起了咒语："天之光，地之光，日月星之光，神光照十方！"

天上投下一片金光，照耀在红石滩上，那些受伤的红石头，全都骨碌碌地滚回到自己原来的位置，那些发黄的橘色藻也都在金光的照耀下恢复了往日红艳艳的颜色。大家都开心地鼓起掌来。

忽然，我们背后传来一阵咯咯咯的笑声，我回头一看，只见石仙桃精灵得意地跳到了蜚的肚皮上，像玩蹦蹦床一样跳来跳去。狐翎大叫一声："危险，快跑！"

只听砰的一声响，蜚突然变成了一团黑色的牛虻，卷起石仙桃精灵飞走了，嘴里还发出一阵狂笑："哈哈哈……赶紧……把我的……三个同伴……放了，要不……小精灵……就死……定……了……"

我们都气得直跺脚，可是蜚瞬间就消失了。小猪屏蓬一屁股坐在地上："气死猪战神了！大家都以为蜚受伤最重，昏过去了，原来他是假装的，没想到他比另外三只瘟兽都扛揍！"

神农扔出一张天罗地网，把三只瘟兽捆成一团，然后气鼓鼓地说："快走，去把石仙桃精灵救回来！"

神农把大群植物精灵都收回了《神农本草经》，我们一口气追到了海螺沟冰川地带。这里有一条巨大的冰瀑布——**海螺沟大冰瀑布**，千条万缕的冰凌顺着高大的岩石垂下，这壮观的景象让人心潮澎湃。可惜我们没有心情欣赏美景，大家都东张西望寻找蜚的踪迹。

● 景点知识卡：海螺沟大冰瀑布 ●

　　海螺沟大冰瀑布位于海螺沟冰川的上端，是一个巨大的陡壁。冰川运动到这里，像瀑布一样下降，就形成了一个巨大的固体冰坝。大冰瀑布高1000多米，宽约1100米，是我国最高、最大的冰瀑布。

　　海螺沟冰川有"三怪"。第一，不冷。人在夏天穿着单薄站在冰川上也不会觉得冷。第二，常发冰崩。大瀑布常年发生规模不等的冰崩。冰崩时冰雪飞舞，隆隆声震耳欲聋。第三，构造千奇百怪。冰川表面有冰桌、冰椅、冰面湖、冰窟窿、冰蘑菇、冰川城门洞等。

这里虽然是冰川，但我们不觉得冷，真是太神奇了。狐翎说："这个现象正是海螺沟冰川的特点。"

小猪屏蓬抬起两个猪鼻子四处闻着："猪战神的鼻子比狗

的都灵，我闻到蚩的妖气了！"说着就举起小钉耙向冰瀑布的深处走去。

我和神农、狐翎紧紧跟在小猪屏蓬的身后，一起探寻蚩的踪迹。忽然，小猪屏蓬大叫一声："猪战神找到石仙桃啦！"说完他撒腿就跑。只见前面的冰瀑布上有个冰窟窿，石仙桃精灵被冻在里面，脸上是惊恐的表情。

我着急地喊道："屏蓬不要过去，那是陷阱！"

可是已经晚了，我们的头顶咔嚓一声巨响，我们抬头一看，只见巨大的冰川上出现了好几道裂痕，这是一次恐怖的冰崩，像雪崩一样可怕！

蚩站在高高的冰川上哈哈大笑："就知道你们会上当，我才不在乎那三个家伙的死活呢！就让那三只瘟兽给你们陪葬吧！我马上就是这个世界上唯一的瘟神了！"

神农出手如闪电，把捆成一团的三只瘟兽扔出后，立马把我们三个全都塞进青铜药鼎，继而将鼎奋力朝安全的方向扔了出去。接着，他自己一挥赭鞭，啪的一声卷住了冻结石仙桃精灵的冰块，然后才转身撤走。我们三个在旋转蹦跳的药鼎里撞来撞去，头昏眼花，感觉骨头都要散架了。

过了好半天药鼎才停下来，我们三个摇摇晃晃地从药鼎里爬出来。听到毕方鸟在远处大叫后，我们又跌跌撞撞地跑过去，发现神农被几块巨大的冰块压在了下面。

小猪屏蓬立刻变身巨人，把

冰块推开。可是，看到神农的一瞬间我们都惊呆了：神农的脑袋被砸破了，血顺着伤口直往下流。

狐翎哇的一声就哭了："神农！你快醒醒啊！"可是神农没有任何回应。

这时，神农的大手动了一下，石仙桃精灵从神农的手里钻了出来，他放声大哭："神农为了救我被砸死了。"

旁边忽然传来一个尖细的嗓音："神农没死，我来救他！"

我们回头一看，一个头顶长了三片绿叶和一颗黑紫色果实的小精灵朝我们跑了过来。石仙桃精灵一边抹眼泪一边说道："**延龄草**你这个小气鬼，你有什么办法可以救神农吗？"

延龄草精灵一把揪下自己头顶那颗黑紫色的果实，把它塞进了神农的嘴里。片刻之后，神农竟然慢慢睁开了眼睛。我们全都欢呼起来。

植物知识卡：延龄草

延龄草又叫"头顶一颗珠"，一生只结一颗果子。延龄草入药，在治疗头晕目眩、高血压、脑震荡后遗症、头痛、失眠等方面有独特的功效。

石仙桃精灵惊讶地说："延龄草，你竟然舍得自己唯一的果子，是我错怪你了，对不起！"

延龄草精灵表情坚定地说："我们延龄草一生只结一颗果实，当然要小心保护，不能随便给别人，因为这果子是用来救命的，就算落下个小气鬼的名声我也不在意。我修炼好多年了，所以我这颗果子才能救神农。本来我也想跟神农去大冒险的，但现在果子没了，我成了一棵没有用处的小草，只能祝福你们一切顺利了。"

神农感动地说："延龄草精灵，你是我的救命恩人，就算你没有了果实，只要你愿意，我热烈欢迎你加入植物精灵军团！"

石仙桃精灵拉着延龄草精灵又蹦又跳，开心极了。

小猪屏蓬在旁边泼了盆冷水："别傻高兴了，四只瘟兽又趁机逃跑了……"

狐翎却充满信心地说："只要神农和咱们的植物精灵军团在，抓住瘟兽是迟早的事。"

第十八回

四瘟兽围困冲古寺
桃儿七诵经请佛光

我们离开了海螺沟，循着四只瘟兽的踪迹，向**稻城亚丁**景区前进。稻城亚丁在海螺沟的西南方向，距离海螺沟有 600 多千米，非常远。狐翎忽然对我说："晓东叔叔，你的乾坤圈里不是有很大的神秘空间吗，为什么不把神农装进去呢？他刚受了伤，实在不适合长途奔跑！"

我一拍自己的脑袋："对啊！我怎么没想到呢？我现在还不习惯用这些宝贝。"

我拿出乾坤圈，对着神农一晃，说一声："收！"

神农唰的一声就从我们面前消失了。小猪屏蓬惊讶地说："哎呀，晓东叔叔，你还能把神农放出来吗？"

我点点头："放心吧，没问题，我已经会用乾坤圈了。咱们赶紧起飞，到了地方再把神农放出来。"

景区知识卡：稻城亚丁

四川亚丁国家级自然保护区位于四川省甘孜藏族自治州南部稻城县，游客更喜欢叫它"稻城亚丁"。亚丁的藏语意为"向阳之地"。稻城亚丁景区以其独特的原始生态环境、雄奇秀美的自然风光而闻名中外，主要由仙乃日、央迈勇、夏诺多吉三座神山和周围的河流、湖泊、高山草甸组成，雪域高原最美的一切几乎都汇聚于此。

我抛出桃木剑，让它飘浮在面前，然后一脚踏上去，嗖的一声就飞了起来。经过这段时间的练习，我御剑飞行的能力越来越强了，不再像之前那样飞得摇摇晃晃。

小猪屏蓬驾着小祥云，狐翎骑着毕方鸟，我们一路加快速度向稻城亚丁景区进发。飞了半天时间，我们远远地看到几座大山。狐翎给我们介绍："那是稻城亚丁的三座神山——仙乃日、央迈勇、夏诺多吉，传说它们是三位菩萨的化身。这三座神山呈一个品字形排列。"

小猪屏蓬叫道："这些名字好难记啊！"

狐翎点点头说："刚才说的名字都是藏语，'仙乃日'的意思是观音菩萨，'央迈勇'的意思是文殊菩萨，'夏诺多吉'的意思是金刚手菩萨。我觉得四只瘟兽跑到这个地方，简直是自寻死路。"

小猪屏蓬忽然指着前方说道："我发现妖气了，他们在围攻那座寺庙呢！"

狐翎小声说："那座金顶白墙的寺庙叫**冲古寺**，小猪屏蓬，你不要冒冒失失地冲过去，咱们先观察一下。"

景点知识卡：冲古寺

冲古寺在仙乃日神山雪峰脚下，建寺年代无从考察。冲古寺在亚丁自然保护区内占据着最佳地理位置。人站在冲古寺前，头顶是看起来触手可及的蓝天，脚下是绿黄相间的草地，远处是千年不化的雪山，身后是沉睡万年的峡谷。

我们躲在高处的云层里小心观察，发现冲古寺里有一股若隐若现的金光在对抗妖气。可是随着妖气里不断地飞出倒霉光环和各种毒气，冲古寺的金光慢慢变弱了。小猪屏蓬好奇地问道:"奇怪啊,坐镇冲古寺的是什么神仙?他好像有点儿弱啊!"

狐翎说道:"我知道一个神话传说:冲古寺是一位高僧修建的,他的名字叫却杰贡觉加错。建寺庙本来是件好事,但是大兴土木会破坏神山,遭受神明的惩罚,因此,当地的百姓都得了可怕的麻风病。却杰贡觉加错就向上天祷告,请求只惩罚他一个人。他的祷告见效了,除了他,大家的病都好了。却杰贡觉加错高僧的病情越来越严重,最后死在了冲古寺里。却杰贡觉加错在死后仍在保护寺庙和当地的百姓,所以,我怀疑寺庙里的金光就是那位高僧的灵气。"

小猪屏蓬听了着急地说:"不行,咱们得赶去救援,不能让瘟兽抢占了寺庙!"我们三个一起冲了下去。刚一落地,我就把神农从乾坤圈里放了出来,还没跟他说清来龙去脉,那团妖气就朝我们猛扑过来。蜚的声音在黑雾里回荡:"就知道你们会上当!我们在寺庙里找到了被封印的麻风病毒,正好用来迎接你们。哈哈哈……"

我们眼前突然一片漆黑,被一大团妖气吞没了,全身上下又痛又痒。我心里咯噔一下,大声喊着:"大家赶紧冲出去!"

我们拼命撤退,好不容易冲出了妖雾,但四个人凑到一起傻眼了,我们每个人的脸上都起了一些红斑。难道这就是传说中可怕的麻风病？一种麻木的感觉传遍了全身。

神农放出了黄连精灵，对我们说道："黄连可以帮我们减轻症状！"

黄连精灵马上向我们的身体上喷出了一股股黄色的烟雾，我们麻木的感觉明显减轻了一些。黄连精灵着急地说："我一个人的力量是不能治好麻风病的！还需要找人帮忙！"

话音刚落，一个头上长着粉红色小花的小精灵出现了。她的身上披着一件小小的袈（jiā）裟（shā），脖子上还挂着一串亮闪闪的佛珠。大家都不认识这个小精灵。

小精灵大声喊道："我叫**桃儿七**，我在寺庙学习佛经已经好多年啦，我来帮你们对付瘟兽！"

植物知识卡：桃儿七

桃儿七别名鬼打死、鸡素苔、铜筷子等，是多年生草本植物，植株高可达 50 厘米。桃儿七的根茎、须根、果实都可入药，有祛风除湿、活血止痛、祛痰止咳的功效，可用于治疗风湿痹痛、跌打损伤、咳嗽等。

桃儿七小精灵说完，就飞快地念起了我们听不懂的佛经。

整座仙乃日神山上金光绽放，冲古寺放射出的金光最强，照向我们头顶上空那团黑色的妖气。妖气里传出了四只瘟兽的惨叫，转眼之间那团妖气就烟消云散了。

桃儿七小精灵面带微笑，嘴里轻声说道："感谢观音菩萨，感谢却杰贡觉加错神僧！"

金光也照在了我们四个的身上，我们身上麻木的症状和起的红斑瞬间就被治好了。神农对桃儿七小精灵说道："桃儿七，你愿意跟我们一起去捉拿瘟兽吗？"

桃儿七小精灵点点头说："入定和云游都是修行，我已经在冲古寺念经好多年了，现在有机会跟你们一起去云游四方，降妖除魔，真是求之不得啊！"

我们一起欢呼，迎接这个与众不同的桃儿七小精灵加入植物精灵军团。

珍珠海瘟兽催人老
人参果神效返童颜

神农把桃儿七小精灵也收进了《神农本草经》。我拿出昆仑镜追踪，发现四只瘟兽逃向了**珍珠海**。小猪屏蓬叫道："珍珠海是不是一个湖？藏族同胞总是把湖叫作海。"

景点知识卡：珍珠海

珍珠海位于四川省西南稻城县亚丁风景区，面积约100平方米。珍珠海虽然小，却如仙境一样美。它以仙乃日神山为背景，如绿宝石镶嵌，倒映雪山秋林，是摄影与静赏的绝佳之地。

狐翎点头说道："珍珠海在藏语里叫作卓玛拉措，翻译过来是仙女湖的意思。珍珠海就在仙乃日神山的山脚下，是雪峰上的冰雪融化后形成的湖泊。湖水倒映着仙乃日神山，美得动人心魄。"

我们一边说一边飞行。神农又被我收进了乾坤圈里，这样他就不用一路奔跑了。小猪屏蓬问狐翎："珍珠海的颜色是不是像珍珠一样的白色啊？"

狐翎摇摇头说："不是。珍珠海的颜色是碧绿的，就像晶莹剔透的绿宝石，传说珍珠海就是观音菩萨莲花台上的一块宝石。大家一定要记住，到了珍珠海，千万不能大声喊叫，也不能咳嗽，说话都要小声点儿，因为动静一大，珍珠海就会出现暴风骤雨和冰雪天气。"

小猪屏蓬忽然指着远处的山脚说道："快看，山下的湖里已经出现冰风暴啦，猪战神还没到，肯定不是我说话声太大造成的。"

我们向远处看去，果然看见山脚下有一个湖泊，现在已经被冻成了一个冰湖。湖边还有一群人挤在一起，被夹杂着冰雪的风暴给困住了。

狐翎着急地喊道："那群人里面还有小孩，我们赶快去救人！"

　　我们刚要俯冲下去，就看到湖边的风暴里走出一个独眼巨人，他正是四只瘟兽合体以后的怪物。蜚的声音从巨人的嘴里传出："你们来晚了，我们这回抓住了人质，他们马上就要变成冰块了！我还给你们准备了神秘的礼物，你们慢慢在这里解决麻烦吧，我们先走了！"

　　独眼巨人一转身，变成了一股黑色的龙卷风，瞬间就消失了。四只瘟兽一走，珍珠海的暴风雪一下就停了，我们冲到被冻僵的人群身边，把神农从乾坤圈里叫出来帮忙抢救。

　　这些人已经完全失去了知觉，还有一个冰块里，一位妈妈抱着只有四五岁的小男孩被冻住了。

　　神农飞快地念起了咒语："天之光，地之光，日月星之光，神光照十方！"

　　天空瞬间投下了一片温暖的金光，融化了珍珠海，也融化了那些人身上的冰块。可是我们马上就惊呆了，因为这些被解冻的人，无论男女老幼，全都变成了满脸皱纹、须发苍白的老爷爷和老奶奶，就连那个被妈妈抱在怀里的小男孩也变成了一个小老头！

　　神农气愤地说："又是这些瘟兽捣的鬼！他们的妖术越来越厉害了……"

狐翎说道："他们肯定是要给我们不断制造麻烦，拖慢我们追捕他们的脚步。神农，只能靠你救人了，我们不知道怎样才能让这些人恢复年轻啊！"

神农摇摇头说："我也不知道，我只能试试召唤小精灵了，希望这附近有植物精灵能破除瘟兽的妖术。北斗七元，神气统天，天罡大圣，威光万千。精灵现身！"

一道金光从天而降，我们的面前出现了一个圆滚滚、白胖胖的小精灵，他的头上有两个小桃子模样的果实，上面有几条紫色的花纹。我脱口而出："人参果精灵！"

小精灵笑眯眯地说："不错，我就是人参果精灵。我可以延缓衰老，让中了妖术的人返老还童。看我的！"

人参果小精灵蹦蹦跳跳地跑到那些人的面前，往他们每个人的嘴里喂果汁。小猪屏蓬疑惑地说："我记得在四姑娘山也有个人参啊，它们长得不一样……"

神农马上解答："四姑娘山的人参果只是它的外号，它本来的名字叫鹅绒委陵菜，只是当地人叫它人参果。咱们眼前的人参果是稻城亚丁的特产，它才是真正的人参果，有一定的延缓衰老的功效。我能感觉到，稻城亚丁出产的人参果，功效尤其显著。"

说话的工夫，那些喝了**稻城亚丁人参果**汁的人全都恢复了正常，他们脸上的皱纹慢慢消失了，脸色也红润了，也不弯腰驼背了。接着，神农二话不说，一个乾坤大挪移，带着我们瞬间从众人眼前消失了。

植物知识卡：稻城亚丁人参果

稻城亚丁人参果是稻城特有的一种人参果，为中药用之人参果。它的主要功效是抗衰老、降低血糖、稳定血压等，还有强心、益智、减肥、增强免疫力及增白美容等作用。

等到了偏僻的地方，我们才松了一口气。可是狐翎忽然指着小猪屏蓬叫道："屏蓬，你的脑袋怎么了？"

我们一看都笑了，小猪屏蓬的一个脑袋变成了满脸皱纹的猪爷爷，另一个脑袋还是粉嫩小猪的样子。小猪屏蓬用手摸摸那个变老的脑袋说："猪战神冲得太快，沾染了瘟兽的妖气，所以一个脑袋变老了。猪战神求人参果一个，不，要两个，万一我另一个脑袋也老了怎么办？"

人参果精灵大方地给了小猪屏蓬两个人参果，小猪屏蓬吃完人参果，脑袋恢复了原来的样子。

第二十回

牛奶海菩萨伏双蟒
八角莲解毒猪战神

我拿出昆仑镜继续搜索，发现瘟兽逃到了**牛奶海**。

小猪屏蓬一听这名字就跳了起来："晓东叔叔，自从出来大冒险，猪战神已经很久没有喝过牛奶了！到了牛奶海你们谁也别拦着我，让我喝个够！"

景点知识卡：牛奶海

牛奶海在藏语里叫俄绒措，位于四川亚丁自然保护区内，是一个古冰川湖，形状像一滴水，四周雪山环绕。牛奶海在央迈勇神山的山间，湖水周边有一圈乳白色的水环绕，看起来就像是牛奶，因此得名。

狐翎揪着他的耳朵说："你这只贪吃猪，牛奶海里面装的不是牛奶，是雪水。"

小猪屏蓬不甘心地问神农："神农，你有牛奶吗？猪战神的馋虫被勾出来了……"

神农一翻白眼："没有！"

神农带着人参果小精灵回到了我的乾坤圈里。我们继续飞向央迈勇雪山，牛奶海就在央迈勇雪山的山间。

我们警惕地在湖边寻找瘟兽的踪迹，发现牛奶海的湖水好像开锅一样咕嘟嘟地冒起了气泡。狐翎生气地对小猪屏蓬喊道："屏蓬，你是不是往牛奶海里放猪猪乾坤屁了？"

小猪屏蓬正撅着屁股喝水呢，听了狐翎的话马上大声抗议："冤枉啊！猪战神才不会随便放屁，我的猪猪乾坤屁是留着对付瘟兽用的，不能浪费啊！"

小猪屏蓬刚说完，他背后的湖水里就蹿出来一黑一白两条巨大的蟒蛇，蟒蛇露出水面的部分，粗壮的腰身就已经超过了普通的大树。

神农突然从乾坤圈里现身，朝湖边猛冲过去："屏蓬快跑！"

神农的动作快，可是蟒蛇比他还要快，还没等小猪屏蓬做出反应，白蟒已经闪电般冲了过去，一口就把小猪屏蓬给吞了！

我眼前一黑，差点昏过去。小猪屏蓬就像我的亲儿子，没想到今天竟然被蟒蛇给吞了。我大叫一声，踩着桃木剑就冲天而起，手里举起乾坤圈，朝着白蟒狠狠扔了出去，嘴里念着咒语："八方威神，洞罡太玄，斩妖除魔，杀鬼万千！"

只听砰的一声响，乾坤圈准确命中了白蟒的脑袋，一下把这个家伙打晕了，巨大的蛇身好像被砍倒的大树，轰隆一声倒了下来，把湖面砸得水花四溅。

旁边的黑蟒对我张开了大嘴，想要把我一口吞掉。神农啪的一声甩出赭鞭，勒住了黑蟒的脖子，大吼一声："给我倒！"

又是轰隆一声响，黑蟒也像大树一样倒在了湖边。神农奋力拉住黑蟒，这家伙疯狂挣扎扭动身体。狐翎和毕方鸟从半空中不停地用神火攻击，可是对巨大的蟒蛇伤害不大。神农一手拉住赭鞭，另一只手猛然举起药鼎，砰的一声就砸在了黑蟒的脑袋上，黑蟒终于瘫在地上不动了。

神农累得直喘气，我握着乾坤圈，冲到白蟒的旁边，发现它的脖子上有个鼓包在不停地蠕动。我这才松了一口气，这个大包肯定是小猪屏蓬，他还活着，我得赶紧把他放出来。可是我的身上没有刀子，怎么才能把白蟒的脖子划开呢？

121

正在手足无措的时候，我们听见头顶传来了跋踵的声音："倒霉光环！"

只听砰的一声响，我的脑袋好像被石头打中了，一阵天旋地转后，我一屁股坐在地上站不起来了。

可恶的瘟兽！竟然趁着我们和蟒蛇大战的时候搞偷袭，真是卑鄙（bǐ）！旁边的神农比我更惨，他不但被跋踵施加了一个更大的倒霉光环，还被絜钩的麻痹术给偷袭了！这里是高原，本来我们就有点儿呼吸困难，现在更是喘不上气来了，缺氧让我的眼前一阵阵发黑。

危急时刻，狐翎清脆的嗓音在半空中响起："普告万灵，土地祇灵，左社右稷，不得妄惊，心向正道，内外澄清，太上有命，搜捕邪精。金刚手菩萨现身！"

牛奶海上空金光绽放，从夏诺多吉神山里飞出来一朵祥云，站在祥云上的正是神话传说中的金刚手菩萨。跋踵和絜钩一看情况不妙，瞬间就化作妖雾逃走了。

金刚手菩萨伸手抓起黑蟒，好像系腰带一样系在了自己的腰上。然后他提起白蟒的尾巴轻轻一抖，就把小猪屏蓬给甩出来了。

小猪屏蓬两个小猪头一起呼哧呼哧地大口喘气："憋死我

了，这条臭蛇竟敢偷袭猪战神！"金刚手菩萨一挥手臂，白蟒就飞了出去，在几十米外的地方砰的一声掉进了峡谷里。

金刚手菩萨说话了："这两条千年蟒蛇，本来是被我镇压的凶兽。黑蟒被我化作蛇纹石放在夏诺多吉神山的半山腰上；白蟒被我变成的大山劈成了两半，成了蒙自大峡谷。没想到四只瘟兽竟然把它们放出来了。这次我在封印上增加了符咒，再也不会让两个妖孽逃跑了。"说完，金刚手菩萨化作一道金光，飞进了夏诺多吉神山。

我刚松了口气，就听狐翎叫道："坏了，屏蓬晕过去了，他好像中毒了！"

我们低头一看，小猪屏蓬果然四仰八叉地躺在了地上，两个舌头都吐出来了，舌头变成了黑色，显然是中毒了。神农冲过去查看，然后又手忙脚乱地找药。这时，湖边跑来了一个小精灵，她的头上长着几朵深红色的花和一片硕大的绿叶，远看就像是一片荷叶，只不过叶片上有八个尖角。

小精灵大声喊道："神农不要慌，**八角莲**精灵来解毒啦！"

小精灵跳到小猪屏蓬的肚皮上，往小猪屏蓬的两张嘴里分别挤进去一些药水，又让神农把小猪屏蓬放进牛奶海的水里冲洗干净，小猪屏蓬这才清醒了过来。

这次小猪屏蓬可算是吃了大亏。不过我们相信，小猪屏蓬这个记仇的家伙，肯定会让瘟兽们加倍偿还的。

植物知识卡：八角莲

八角莲是一种中草药，入药能散风化痰、消肿解毒、杀虫，还可以治疗毒蛇咬伤，是国家二级保护植物。

第二十一回

峨眉山遇险报国寺
木樨花保卫圣积钟

我拿出昆仑镜，继续寻找瘟兽的踪迹。小猪屏蓬报仇心切，着急地问我瘟兽们在哪里。我对照地图说道："这回瘟兽们又跑远了，一口气向东跑出了 700 多千米，他们进入了**峨眉山**。"

景区知识卡：峨眉山

峨眉山是世界文化与自然双遗产。峨眉山是普贤菩萨的道场，在文化遗产方面，宗教文化是峨眉山历史文化的主体；在自然遗产方面，峨眉山生物种类丰富，特有物种繁多，其中包含不少珍稀濒危物种。峨眉山有"植物王国""动物乐园""地质博物馆"等美誉。

狐翎吃了一惊："传说峨眉山是中国四大佛教名山之一，还是世界文化和自然双遗产，肯定会有很强的仙灵之气。瘟兽竟敢往佛教圣地跑，一定有什么阴谋。"

小猪屏蓬咬牙切齿地说："不管有什么阴谋，也拦不住猪战神报仇！晓东叔叔，咱们赶紧去峨眉山。"

我把神农收进了乾坤圈里，踏上自己的桃木剑飞了起来，一边飞行一边给小猪屏蓬和狐翎讲峨眉山的重要情况："峨眉山有一座**报国寺**，大门对面有一尊圣积晚钟。那口大钟是别传禅师化缘铸造的。"

景点知识卡：报国寺

报国寺是进入峨眉山景区的第一座寺庙，原名会宗堂，后被重建，由清朝康熙皇帝赐匾额，改成报国寺。历史上经过多次维修，寺院才能够完整保存至今。整座寺庙坐北朝南，依山而建，宏伟壮观。

小猪屏蓬问道："人家和尚化缘都是要吃的，这位和尚怎么化缘化来一口钟啊？"

我笑了："别传禅师这样做也是为了弘扬佛法。圣积晚钟高 2.8 米，钟唇直径 2.4 米，重 12.5 吨，号称'巴蜀钟王'。在当时肯定是需要很多人的资助才能打造出来的。据说敲钟的声音可以传出几十千米远，在周围的山谷不停回荡。所以说圣积晚钟是一个神器也不过分。"

狐翎惊叫道："晓东叔叔，你说四只瘟兽的目标会不会就是'巴蜀钟王'呢？如果声音能传出这么远，那完全可以当作扩音器，加大咒语的传播力度。瘟兽如果得到了这件宝贝，说不定可以用来召唤《山海经》里的大妖怪！"

我心里咯噔一下，狐翎分析得非常有道理，四只瘟兽赶去峨眉山圣地，肯定是有所图谋的。我们忧心忡（chōng）忡，锁定目标之后，就加速赶往峨眉山。

峨眉山分为低、中、高三个景区，报国寺在峨眉山的低山区，有"开山第一寺"的美誉。寺庙里供奉着道教、佛教和儒家的"三教"牌位，分别是道家的广成子、佛家的普贤菩萨和儒家的楚狂。远远看到报国寺，狐翎就疑惑地说道："报国寺看起来很安全，金光绽放，供奉着这么多神仙的牌位，按理说四只瘟兽是不敢闯进报国寺的吧？"

我摇摇头说："不对，圣积晚钟并不在报国寺里面，而是在山门对面的凤凰堡，那边好像打起来了！"

小猪屏蓬举起九齿钉耙呐喊一声："瘟兽别跑，猪战神来报仇了！"

我对自己的战斗能力有自知之明，所以落地后先把神农从乾坤圈里放出来。神农一现身，就召唤自己的植物精灵军团朝凤凰堡冲了过去。

我们跑到跟前才发现，原来是几个高大的树人正在和四只瘟兽对战。指挥树人的是一个小精灵，他比普通的植物精灵个头更大，身上的皮肤疙疙瘩瘩的，好像犀牛皮，头上长着一簇黄色的小花，看起来就像一个小扫帚。

小猪屏蓬两个猪鼻子一起吸气说道："好香啊！"

神农说道："这是**木樨**精灵，木樨是桂花的一种，当然香啦！木樨精灵，我们来帮忙啦！"

木樨树人在四只瘟兽的围攻下有点儿狼狈。他们围成一圈，努力保护着将近3米高的"巴蜀钟王"，每个树人的身上都套着好几个倒霉光环，要不是有浓郁的桂花香压制瘟兽的妖气，估计大钟早就被抢走了。不过四只瘟兽也不好受，他们在木樨树人的顽强抵抗下，始终没能靠近铜钟。

狐翎大声喊道："屏蓬！你冲进亭子里去敲钟！'巴蜀钟王'可以帮我们扩散仙灵之气！"

植物知识卡：木樨

木樨是桂花的一种，是常绿乔木或灌木，高可达18米，是一种名贵的香料。木樨的花朵簇生，像一个小扫帚。木樨油药用有增进胆汁分泌、增强消化系统功能、预防老年人大脑衰老、促进婴幼儿骨骼和神经系统发育等作用。木樨油富含多种维生素，还能有效减少色斑、皱纹等。

小猪屏蓬可不是死心眼，本来他想要去打瘟兽的，听了狐翎的提示，马上举着钉耙朝大钟冲过去，一边跑一边大喊："树人不要拦着我，我是天蓬元帅猪战神！"

屏蓬的仙灵之气确实明显，他得到了树人的信任，树人给他让开一条缝隙，让他直奔亭子里的大钟。屏蓬用钉耙奋力敲击了一下铜钟，只听咚的一声巨响，铜钟向四周爆发出看不见的声波，我们全都精神一振。仙灵之气和木樨树的香气应声暴涨，所有树人身上的倒霉光环一下就被震碎了。四只瘟兽惨叫连连，蜚捂着耳朵满地打滚。神农冲上去抢起药鼎就砸在了蜚的大脑袋上，蜚瞬间变成了一群牛虻。

絜钩尖叫："任务失败，快撤！"

神农的药鼎砸在地上，把地面砸出一个大坑。天上的跂踵奋力朝神农扔了一个倒霉光环，絜钩也趁机朝神农释放了一团毒气，神农左躲右闪，几只瘟兽趁机逃走了。

我们向木樨精灵打招呼，木樨精灵对我们招招手，开心地说："我早就听说神农穿越来捉四大瘟兽了，没想到今天就遇到瘟兽来抢铜钟，我们植物精灵不可能让他们得逞！神农，我是你的粉丝呀！"

面对木樨精灵的"表白"，神农却傻呆呆地站在那里，根本没有反应。狐翎赶紧用读心术去看神农，她担心地说："坏了，神农这是被絜钩的麻痹术伤到了大脑，他的脑子突然衰老，出现了老年痴呆的症状！"

我们一下都慌了，因为除了神农，谁都不会治病。

木樨精灵说道："我来试试！"他蹦蹦跳跳地来到神农的肩膀上，伸手摘下一朵黄色的小花，放在神农的鼻子下面，神农马上打了一个喷嚏。过了一会儿，神农眼里终于恢复了平日的光彩。

神农感激地说："木樨精灵，谢谢你救了我！"

木樨精灵开朗地笑着："应该是我感谢你们帮我解了围！"

因为木樨精灵是圣积晚钟最好的保护者，我们决定把他留在报国寺。神农把一个木樨树人收进了《神农本草经》，这样在需要木樨树帮忙的时候，神农就可以召唤树人了。

第二十二回

万年寺瘟兽抢法宝
古岩桑携手弹琴蛙

　　木榍精灵安排我们在圣积寺里过夜休息，还帮我们找来了很多野果当晚餐。虽然只是一些水果，但是却充满了仙灵之气，我们吃了以后睡了一个好觉，觉得浑身都充满了力气，身体里的仙灵之气也更加充沛了。告别了木榍精灵和圣积晚钟，我们继续追踪瘟兽，来到了峨眉山中山区的**万年寺**。

　　狐翎小声提醒大家："如果我没记错，峨眉山里有很多猴子，虽然这里的猴子非常有灵性，一般不伤人，但是万一被瘟兽利用，攻击咱们就麻烦了。"

　　小猪屏蓬使劲点头："我记得在神农架的时候，瘟兽就控制猴子攻击过咱们。"

　　我们走进无梁砖殿，仰头看着巨大的铜佛像，忽然，我们的背后传来了猴尖细的嗓音："你们来得太慢了，我已经拿到了万年寺的佛牙！"

景点知识卡：万年寺

万年寺的寺院布局精美，整座寺院坐西朝东。在万年寺的无梁砖殿内有一尊普贤铜像，这尊铜像高 7.35 米，重 62.1 吨，不仅是中国现存最大的古代铜佛像，也是现存最大的古代金属铸件之一。万年寺从修建至今，有许多文人来过，比如诗仙李白。

蜚也变成独眼牛头巨人站在院子里对我们大吼："我也拿到了万年寺的《贝叶经》！"

小猪屏蓬用钉耙指着他们喊道："你们拿了这些法宝也不会用，当心自己先被这些法宝给收了！"

我打心眼儿里佩服小猪屏蓬的机智。其实，妖怪会不会用这些法宝先不说，要是他们威胁我们毁掉了这些宝贝，我们还真是不好应对。

没想到，独眼巨人哈哈大笑："我们不需要会用这些法宝，只要这里面存储了很多年的仙灵之气就足够了。我能把仙灵之气变成妖气。现在，就让你们开开眼吧！"

说完，独眼巨人用两只手抓着《贝叶经》一声大吼，一股看不见的能量突然爆发，让整个万年寺妖风四起，飞沙走石。猴在妖气中狂笑："谁说我们不会用法宝，我现在就变一个黑暗大佛给你们看看！"

说完，猴把手里的佛牙含在了嘴里，砰的一声变身了。让我大吃一惊的是，猴并没有变成什么黑暗大佛，而是变成了一头浑身是刺的猛犸象。

狐翎忍不住哈哈大笑："你这个蠢家伙，科学家早就研究过了，万年寺里的佛牙虽然很珍贵，却并不是舍利子，而是猛犸象的一块象牙化石！你利用牙齿化石变身，只能变成一头大象！"

不过，我马上就笑不出来了，因为那头猛犸象怪叫一声朝我冲过来了！猛犸象比普通大象的个头大，何况这头大象还长了一身的尖刺！我哎哟一声转身就跑，神农举着药鼎冲上去，跟猛犸象撞在了一起，没想到神农都被撞得向后倒飞了出去。

旁边小猪屏蓬和狐翎也向独眼巨人打了过去，我着急地喊道："小心别打坏了《贝叶经》！"

我现在真是心急如焚，不仅妖怪手里的《贝叶经》和佛牙是

无价之宝，这座万年寺也容不得一点损坏啊！可是现在神农已经和猛犸象打得不可开交了，我决定替神农召唤附近的植物精灵：

"北斗七元，神气统天，天罡大圣，威光万千。精灵现身！"

从万年寺后山传来一阵惊天动地的脚步声，一个 40 多米高的巨大树人出现了。树人头上还有一个植物小精灵，他的长相和我见过的所有植物精灵都不一样，因为他有白头发和白胡子，就连眉毛都是白色的。莫非，我召唤来一个植物精灵爷爷？

小精灵咳嗽两声说话了，他说话的声音也像一个老爷爷："哎哟，这是哪里来的熊孩子，竟敢在万年寺捣乱。我老**岩桑**可不能让你们惊扰了普贤菩萨！"

植物知识卡：岩桑

岩桑是一种小乔木。峨眉山有一棵岩桑，生长在万年寺后山的观心坡，树龄已近千年，树高约 40 米，树围约 4.8 米，胸径有 1 米左右，树冠幅度南北长 6 米。这样高大古老的岩桑，在峨眉山仅此一株，在全国也十分罕见。峨眉山的千年岩桑，是中国海拔最高的岩桑。

话音刚落，巨大的岩桑树人弯下腰，一巴掌拍了下来，神农闪身躲过，这一巴掌正好把猛犸象给拍成了一张肉饼，那些尖刺对树人来说根本就没有威胁。独眼巨人一看这个树人如此强悍，吓得转身就跑。岩桑精灵一挥手，树人一巴掌就把独眼巨人给扇飞了。蜚和趹踵、絜钩在半空中怪叫着变成了一团妖气逃跑了。

再看猱，也消失得无影无踪，地上的猛犸象也不见了，只留下一颗佛牙。狐翎和毕方鸟从半空飞了下来，狐翎得意地说："我把《贝叶经》也抢回来了！"

神农高兴地说："岩桑精灵，你已经活了上千年了吧？"

岩桑精灵点点头："还是神农有眼光，我确实在万年寺后山的观心坡生长了 1000 多年。"

忽然，小猪屏蓬大喊一声："准备战斗！又有一大群妖怪冲上来啦！"

我们吓了一跳，飞到半空中一看，立刻起了一身鸡皮疙瘩，万年寺已经被无数巨大的青蛙给包围了，一双双圆鼓鼓的青蛙眼恶狠狠地盯着我们。

岩桑精灵忽然喊了起来："不要误会！这些青蛙都是我的朋友，它们是来帮助打妖怪的。"

好像是为了证明自己的身份，一只青蛙张嘴叫了一声，可是发出来的声音并不是我们熟悉的呱呱声，而是一种好听的拨动琴弦的声音。紧接着，所有的青蛙都叫了起来，就像在演奏一首动听的古琴曲，一股看不见的仙灵之气随着青蛙的叫声向四处飘荡。

岩桑精灵得意地说："怎么样，没想到吧？当年广浚和尚每天在万年寺诵经之后，都要焚香弹琴，年深日久，这里的青蛙都学会了用琴音鸣叫。"

伴随着琴音蛙鸣，大殿里普贤菩萨的铜像绽放出万道金光。岩桑精灵满意地点点头说："青蛙们好久没有发出琴音了，今天连普贤菩萨都惊动了，这下那些瘟兽绝对不敢再来捣乱了。我还要在这里修行，你们继续追赶瘟兽吧！"

说完，岩桑精灵向我们挥挥手，转身返回后山的观心坡了。

第二十三回

闯金顶夺取天门石
救屏蓬报春有神效

会唱出琴音的群蛙也跟岩桑精灵一起消失了。没想到青蛙会发出这么动听的声音，简直让人如痴如醉。

不知不觉天色已晚，我拿出昆仑镜查看，发现瘟兽们逃向了**峨眉山金顶**。

景点知识卡：峨眉山金顶

峨眉山金顶，也叫永明华藏寺，在峨眉山主峰上，是峨眉山风景区游山的终点，也是汉族地区全国重点佛教寺院之一。峨眉山金顶是峨眉山寺庙和景点最集中的地方，是峨眉山的精华所在。在金顶能看到峨眉四大奇观：日出、云海、佛光、圣灯。

屏蓬问道:"晓东叔叔,金顶上面有什么宝贝啊?咱们得抢先下手,不能又让瘟兽抢占先机。"

小猪屏蓬说得有道理,我紧张地回忆:"李白有一首《峨眉山月歌》:峨眉山月半轮秋,影入平羌江水流。说的是峨眉山上的洗象池,晚上月明星稀的时候,可以看到'象池月夜'的景色。可是今天晚上没有月亮,而且洗象池里也没有什么宝贝啊……"

狐翎提醒说:"洗象池虽然也在高山区,但没在金顶……我知道了,肯定是太子坪附近的天门石!那两块巨石,传说是女娲补天的时候不小心掉落在峨眉山的,后来两块巨石之间出现了一个通往天界的通道。瘟兽如果偷走了这两块天门石,说不定就可以在天界和人间任意穿行,咱们要想捉住他们可就更难了!"

我们听了,都觉得狐翎说得有道理,于是朝着天门石的方向冲去。让我们意外的是,夜色下的天门石格外安宁,根本感觉不到任何妖气。一阵疲惫感朝我们袭来,连日的奔波战斗让我们都困得睁不开眼了。

我对大家说:"既然找不到妖怪的踪迹,那咱们先去金顶休息一下吧。金顶上有很多佛教古迹,估计瘟兽也不敢在那里捣乱。"

　　大家都点头同意。我们一起飞到了永明华藏寺，找了个安静的大殿倒头就睡。我们实在是太累了，不一会儿就进入了梦乡。不知道睡了多久，我忽然被推醒了，睁眼一看，是狐翎。她小声说道："晓东叔叔，屏蓬刚才起来了，我以为他去上厕所，可是半天也没回来，我实在不放心，只好把你叫醒了。"

　　什么？我一下就跳了起来，小猪屏蓬这家伙有时候会梦游，我们现在可是在好几千米高的峨眉山顶峰，这要是掉下去可怎么办？

　　我冲出了大殿，发现神农已经在大殿外面了。看到我和狐翎出来，神农做了一个嘘声的手势。我提着的心放下了一半，因为神农也发现小猪屏蓬出去了，他肯定不会让屏蓬遇到危险的。

　　神农小声说道："下面有妖气，屏蓬是被妖气给吸引走的。咱们不要惊动瘟兽，偷偷跟上去，来一招'螳螂捕蝉，黄雀在后'。"

　　我点点头，狐翎小声念起了咒语："天地之气，聚于我身，予我仙灵，隐我身形。急急如律令！"

　　我们三个人，连同毕方鸟全隐身，悄无声息地跟在小猪屏蓬后面，往舍身崖的方向走去。传说峨眉山的金顶上有四大奇观：日出、云海、佛光和圣灯。因为佛光就像很多佛像画上画的那种光环，所以很多人相信峨眉山是有灵气的，就经常从舍身崖往下扔金银和钱币许愿。舍身崖的悬崖峭壁几乎是直上直下的，人就算用绳子吊着也会被大风吹得东摇西晃，而且崖壁上还有很多毒蛇。传说有不少贪心的人为了捡走那些信徒扔下去的宝贝，掉下舍身崖摔死了。

想起这个传说，我浑身的汗毛都竖起来了。现在是深更半夜，瘟兽莫非想把小猪屏蓬骗到舍身崖摔死吗？

狐翎拉着我的手小声说："晓东叔叔不用担心，咱们都会飞，屏蓬是不会掉下舍身崖的。"

小猪屏蓬已经走到了悬崖边上，他两个脑袋探头往下看，嘴里嘟囔着："哼，不就是鬼火吗？吓唬谁呀？晓东叔叔不要怕，猪战神来救你了！"说着，小猪屏蓬举起小钉耙，直接从舍身崖上跳了下去。

我们大吃一惊，小猪屏蓬真的跳下去了！我和狐翎毫不犹豫跟着小猪屏蓬跳了下去，我大声对神农喊道："神农，在这里接应我们！"

我踩着桃木剑，狐翎骑着毕方鸟从舍身崖向下俯冲，只见小猪屏蓬踩着小祥云，在半空中不停地到处乱打。他被一片忽明忽暗的鬼火包围着，莫非这就是传说中的圣灯？

狐翎大叫："屏蓬肯定上当了，这不是鬼火，也不是圣灯，

而是四只瘟兽设的陷阱！舍身崖下面阴气太重，适合瘟兽们伏击，他们是故意把小猪屏蓬骗下来的！"

我也觉得越往下面飞，周围的妖气越重。我赶紧念起了咒语："八方威神，洞罡太玄，斩妖除魔，杀鬼万千！"乾坤圈带着耀眼的金光朝小猪屏蓬飞了过去，绕着他的身体飞快地转了好几圈。我听到了跂踵和絜钩的惨叫声，果然又是这两个瘟兽捣的鬼！

跂踵和絜钩受伤逃走了，可是小猪屏蓬还在半空中抡着钉耙乱打，我和狐翎谁也无法靠近。头顶传来啪的一声响，神农的赭鞭飞出几百米，一下卷住了小猪屏蓬，奋力把他拉回了山顶。我和狐翎也飞了回去。

刚回到山顶，狐翎就指着东方喊道："快看，峨眉山的日出！"只见火红的太阳从云海中慢慢浮现，映红了半边的天空。

小猪屏蓬忽然叫了起来："哎哟，疼死猪战神了！可恶的瘟兽，竟然变成晓东叔叔的样子从舍身崖跳下去，猪战神又上当了！"我们回头一看，只见小猪屏蓬浑身浮肿，变成了一个肉球，身上又青又紫。这是中毒了！

就在神农慌忙翻找解毒药时，我们身边突然传来一个细小的声音："不要慌，我能治好他！"

一个头上长着一簇紫蓝色小花的小精灵出现了，她用花粉给小猪屏蓬洗了个澡，小猪屏蓬身上的毒很快就被消解了。

狐翎开心地说："你叫峨眉缺裂报春，是峨眉山舍身崖独有的**报春花**品种，对不对？"

报春花精灵惊讶地点头："小姑娘见识广啊，竟然认得我！我是来加入神农的植物精灵军团的，我也要跟你们一起去捉瘟兽！"

植物知识卡：报春花

报春花是一种草本植物，全草可以入药，有助排尿液、消肿、止血的作用。有人说报春花是春天的信使，别的花尚未开放时，它却悄悄地开出花朵，成片成丛，生机盎然，用艳丽的花朵告诉人们春天即将来临。

第
二
十
四
回

羽毛信约战灵宝塔
海棠花泡沫愈伤痛

　　我拿出昆仑镜追踪瘟兽的形迹，却发现这次瘟兽们留下的妖气非常少，以至于我半天都没有在昆仑镜上发现他们的影子。狐翎忽然喊道："天上飘着一片羽毛！好像是趿踵身上的！"

　　小猪屏蓬跳起来去抓那片羽毛，羽毛却在半空中变成了一张信纸，趿踵的声音从里面传了出来："给你们出个谜语，我们在三江汇合处的宝塔上等你们，来晚了宝塔就没啦！砰砰！"

　　话音刚落，那张信纸就被一团黑色的火焰给烧没了。我们四个目瞪口呆，看来瘟兽的法力越来越强了，他们竟然用妖术跟我们做起了解谜游戏！

　　我飞快地展开地图，努力寻找趿踵说的三江汇合处的宝塔。还是狐翎记性好、反应快，她说："晓东叔叔，我猜趿踵说的是乐山大佛景区的**灵宝塔**。乐山大佛坐落在岷江、青衣江和大渡河的汇流处，灵宝塔就位于乐山大佛景区的灵宝峰之巅。"

景点知识卡：灵宝塔

灵宝塔位于乐山市凌云山九峰之一的灵宝山巅，是乐山标志性古建筑之一。灵宝塔每层都有通光小窗，方便人们登临眺望。相传主持修建乐山大佛的海通法师的骨灰就安放在灵宝塔中。

我从地图上找到了距离峨眉山 100 千米的乐山大佛景区，看清了乐山大佛和灵宝塔的位置，它们果然在三江汇流处。我把神农藏进乾坤圈里，然后和小猪屏蓬、狐翎一起飞向乐山大佛。

飞了不一会儿，我们就看到了雄伟的乐山大佛。乐山大佛是一座在大山上雕刻出来的巨大石佛，灵宝塔就建在它背后的灵宝峰上。

小猪屏蓬问我："晓东叔叔，灵宝塔建在山顶上有什么用啊？"

这个我从书里读到过，于是我对小猪屏蓬说："灵宝塔在灵宝峰的最高处，就像一座海边的灯塔，可以指引航船。岷江、青衣江、大渡河三江汇流，在乐山大佛的脚下形成一个直角，灵宝塔刚好矗立在这个角的顶端。无论从三江哪一条航道进入乐山，都可以看见灵宝塔，江水里的航船就可以根据方位指引绕过激流险滩，避免舟毁人亡的事故发生。"

小猪屏蓬听得连连点头，他忽然举起钉耙加速前进了："快看，妖怪正在围攻灵宝塔，我先去收拾他们！"

我和狐翎也看见了，蜚、猴、跂踵和絜钩正在拼命围攻灵宝塔。不过，灵宝塔里隐约有一股仙灵之气在奋力抵抗瘟兽的妖气，还有几个高大的树人正在灵宝塔的周围向瘟兽还击。狐翎和毕方鸟也加速了："晓东叔叔，我们先去支援，灵宝塔下面肯定有植物精灵！"

小猪屏蓬和狐翎都比我飞得快，我心里着急，但是我学会御剑飞行的时间短，飞得还不够快，只好在后面跟着。

小猪屏蓬和狐翎一靠近灵宝塔，就向四只瘟兽发起了猛烈的攻击，狐翎的三昧真火烧得跂踵和絜钩连声惨叫。小猪屏蓬一耙子就把蜚的大腿打出来九个小窟窿，气得蜚大骂："跂踵你这个蠢货，我们好不容易隐藏了妖气来偷袭灵宝塔，你非要留下一封羽毛信！这些家伙来得太快了！"

跂踵一边逃跑，一边用倒霉光环还击，嘴里还大声狡辩：

"我又不知道这个灵宝塔里面有隐藏的防御，外面还有**海棠**树人！这都是意外，不能怪我！"

植物知识卡：海棠

　　海棠是一种乔木，高可达 8 米，是中国著名的观赏树种。海棠树形美丽，姿态优雅，有"花中神仙"的称号。海棠种仁可以食用，还可以用来制作肥皂。海棠果实可以做成蜜饯（jiàn），也可作药用，有祛风、顺气、舒筋、止痛的功效。

　　原来，那些是海棠树人，不用说，指挥他们的肯定是海棠精灵了。那么灵宝塔里面释放仙灵之气的又是什么宝贝呢？

　　闪念之间，我也到了灵宝塔的附近，看到絜钩正用麻痹术攻击小猪屏蓬的屁股。我把乾坤圈扔了过去，乾坤圈狠狠地打在了絜钩的身上，絜钩一声惨叫随即变成一团妖气逃走了。

　　看到队友逃跑了，另外三只瘟兽也无心恋战，都瞬间消失。小猪屏蓬忽然一声惨叫："哎哟，我的屁股！"我们这才发现，小猪屏蓬的屁股上扎着好多红色的尖刺。这些瘟兽真卑鄙，先是絜钩用麻痹术让小猪屏蓬动作变慢，然后猴又用毒刺打中了小猪屏蓬。我赶紧让神农出来给小猪屏蓬治疗。

　　这时，从海棠树人的树冠里跳出来一个漂亮的小精灵，她和狐翎一起，小心地把小猪屏蓬屁股上的尖刺都拔了下来，然后对着伤口吹了一串彩色的泡沫，小猪屏蓬马上就不觉得疼了。

　　神农又给小猪屏蓬敷上一些解毒的药，小猪屏蓬马上就恢复了欢蹦乱跳的样子。

　　神农开心地邀请海棠精灵加入植物精灵军团，没想到海棠精灵竟然拒绝了："神农，你们的故事早就在各地植物精灵当中传开了，我也很想跟你们去大冒险。可是，我要守护灵宝塔，因为灵宝塔里有海通法师的骨灰。之前就是因为他的仙灵之气，瘟兽才没能占领灵宝塔。"

　　我们这才恍然大悟，原来我们感受到的塔里的仙灵之气，就是海通法师的。狐翎问道："海棠精灵，你说的海通法师，就是主持修建乐山大佛的那位高僧吗？"

　　海棠精灵使劲点头："对呀，就是那位海通法师！"

　　小猪屏蓬毫不客气地说："海棠精灵，你不跟我们去大冒险，送给我们一个海棠树人战士也行！"

　　海棠精灵马上点点头同意了，神农把海棠树人收进了《神农本草经》里。我们和海棠精灵告别，又对着灵宝塔里海通法师的骨灰躬身行礼，然后离开灵宝塔，继续追捕四只瘟兽。

第二十五回

乐山佛显灵挽狂澜
桫椤树巨掌镇妖龙

瘟兽们藏匿自己妖气的本事越来越强，我们明明感觉他们并没有跑远，可就是找不到他们的具体方位。狐翎转着大眼睛说道："瘟兽会不会藏进了咱们脚下的江水里？"

话音刚落，山脚下就传来了波涛汹涌的声音。我们向下一看，只见三江交汇处的江水像开了锅一样，滔天巨浪把巨大的**乐山大佛**都打湿了。

小猪屏蓬大吃一惊："我的天哪，这江水的浪头都快超过海浪了，猪战神怀疑河里有妖怪！"

我点点头说："你猜对了。"

狐翎跟着解释道："三江汇流的地方，水流本来就非常复杂，传说过去这里经常会突然乱流汹涌，把来往的船都掀翻。

后来人们发现江水里有一条恶龙，它故意在三江汇流的地方搅乱江水，掀翻船只，然后吃掉船员，霸占船上的货物和财宝。后来海通大师找来了一个名叫石青的能工巧匠，他们历尽千辛万苦修建了乐山大佛。大佛建好后，那条恶龙果然被镇住了，再也不能出来兴风作浪了。"

景区知识卡：乐山大佛

　　乐山大佛，又叫凌云大佛，是中国世界文化与自然双遗产，位于四川省乐山市南岷江东岸凌云寺侧，地处大渡河、青衣江和岷江汇流处，通高 71 米，是中国最大的一尊摩崖石刻造像，也是世界上最大的石刻佛像。乐山大佛始建于唐朝开元元年，历时 90 年才修建完成。

　　乐山大佛景区包括乐山大佛、凌云禅院、海师洞、九曲栈道、凌云栈道、巨型睡佛、东方佛都、佛国天堂、麻浩崖墓、乌尤山等景点。

神农皱眉说道："会不会是四只瘟兽进入江水，把那条被镇压的恶龙放出来了？"

小猪屏蓬举起了九齿钉耙："猪战神吃过沙棠果，什么水都淹不死我，我下去看看！"

我想要拦住小猪屏蓬，可是这家伙已经踩着小祥云从半空中一头扎了下去。几乎同时，下面的江水里，一个巨大的浪头翻腾向上，好像一条巨龙张着大嘴，一口就把半空中的小猪屏蓬给吞没了。

我眼前一黑，差点掉进江里去，只见下面的江水里又出现一条水流形成的巨龙，在张牙舞爪地向我们示威。龙爪子上正抓着拼命挣扎的小猪屏蓬，他的九齿钉耙打在水龙的身上，只能溅起一片水花。龙头上站着一个怪物，正是四只瘟兽合体后的独眼巨人。

蚩的声音在江面上回荡："我们已经活捉了一只猪，奉劝你们投降吧，今天谁也跑不了！"

神农喊道："我去救小猪屏蓬！"

神农的水性肯定不如小猪屏蓬，我拉住他说："不要贸然下水，恶龙的克星是乐山大佛，咱们快用请神术，让乐山大佛帮我们重新镇压恶龙！"

神农点点头，飞快地念起了请神咒："普告万灵，土地祗灵，左社右稷，不得妄惊，心向正道，内外澄清，太上有命，搜捕邪精。乐山大佛速来助战！"

　　乐山大佛的眼睛里突然射出两道金光，正好打在了水流形成的龙头上。水龙瞬间崩溃，从里面蹿出来一条张牙舞爪的蛟龙，它浑身上下妖气缭绕，两只眼睛放射着凶光。巨龙的嘴里发出了好像巨浪拍打岩石的声音："石佛！你已经镇压我1000多年了，今天终于有瘟兽给我增添了妖气，让我重获自由，我们之间的账该好好算算了！"

　　说着，蛟龙朝着乐山大佛猛扑过去。龙头上的独眼巨人哈哈大笑："干掉这尊佛，我要把他变成瘟神的雕像，从此以后这里就是我们的天下！"

　　蛟龙驮着独眼巨人，在空中灵活躲避着大佛的金光，眼看离山顶的佛头越来越近了。我们忽然听到佛像里传出一个瓮声瓮气的嗓音："妖孽，这点妖气就让你得意忘形了？真是不自量力！"

　　大佛身后的山体突然一阵绿波荡漾，成千上万的**桫**（suō）**椤**（luó）树在飞檐走壁地朝着大佛汇集。这些桫椤树每一棵都有五六米高，它们迅速变成了一条粗壮的绿色手臂，张开巨大的手掌，朝着半空中冲过来的蛟龙拍了下去。

　　瘟兽变成的独眼巨人得意扬扬的神态瞬间变得惊恐万状，他们不等绿色大手打中蛟龙，就直接在半空中解体了。跋踵和絜钩都会飞，可是蜚和猴就惨了，他们大声惨叫着掉进了江水里。

只见那只绿色的大手啪的一声就把蛟龙打飞了。巨大的蛟龙惨叫着向后翻滚着，扑通一声就掉进了江水里。江上浪花翻滚，蛟龙再也没有力量蹿出水面了。

植物知识卡：桫椤

桫椤别名蛇木，茎干能长到6米，甚至更高，是一种蕨类植物，有"蕨类植物之王"的美称，国家二级保护野生植物。在约1.8亿年前，桫椤曾是地球上最繁盛的植物，和恐龙同时代，有"活化石"的称号。

战况激烈，我着急地大喊："屏蓬小心！"

浪花翻卷的水面上安静了很多，根本没有小猪屏蓬的踪影。那只绿色的大手伸进了水里，出水的时候，手心托着小猪屏蓬。

这家伙两张嘴一起往外吐水，刚吐完就不服气地说："大佛，你怎么抢猪战神的功劳？猪战神只差一点儿就把恶龙给打死了！"

我们都替这头厚脸皮的猪脸红，没想到大佛发出一阵爽朗的笑声，笑声在周围的大山间回荡："看来是我冒失了，打败恶龙当然是猪战神的功劳，我不过是稍微帮了一点儿小忙。"

　　绿色的大手飞快地解体，那些树人都回到了乐山大佛身后的大山里。我们降落在山顶，看着大片的桫椤树惊叹不已。

　　一个长得很壮实的小精灵朝我们跑了过来："神农大神，我是桫椤精灵，我要跟你们一起去大冒险！"

　　神农高兴地咧开大嘴笑了："欢迎欢迎！可是，如果你离开了，桫椤树还能变成树人，帮助乐山大佛镇压恶龙吗？"

　　桫椤树精灵笑了："没问题，离大佛景区不远处有个桫椤山谷，长着好几万棵桫椤树，所以桫椤精灵也不止我一个。我走了，还有我的兄弟们帮着乐山大佛镇压妖怪！"

　　神农把桫椤精灵收进了《神农本草经》，我们从乐山大佛的身边起飞了。远远地看去，整个乐山大佛景区的轮廓就像一尊巨型的卧佛，正像传说那样：山是一尊佛，佛是一座山。

第二十六回

登青城被困月城湖
醉鱼草反制赢鱼群

结束了乐山大佛脚下的战斗，我又拿出昆仑镜追踪瘟兽，可是小猪屏蓬和狐翎帮我找了半天，也没有抓到一丝瘟兽留下的妖气。

我手握昆仑镜，闭上眼睛默念咒语："杳杳冥冥，甲乙丙丁，天帝有敕，赐我指灵……"

我再次睁开眼睛的时候，昆仑镜上竟然出现了一座大山和一座树皮顶的木亭子。狐翎脱口而出："这是**青城山**的天然阁，柱子是用带着树皮的木头做的。"

我点点头说："不错，瘟兽跑到青城山去作乱了，咱们赶紧追！"

一路上小猪屏蓬不停地唠叨："晓东叔叔，你不是说青城山是道教名山吗？道教的创始人张天师张道陵就是在青城山创立道教的。这么厉害的地方，瘟兽怎么还敢去捣乱啊？"

我耐心地解释："瘟兽来自几千年前的远古时代，那个时候中国的道教还没出现呢，所以他们当然不知道害怕。在瘟兽的脑子里，也根本没有道教神仙的概念，他们更不觉得自己是妖怪。所以无论是佛教名山还是道教名山，对四只瘟兽来说这些山都只是有仙灵之气、有法宝的好地方，自然会往这些地方跑。"

景区知识卡：青城山

青城山是中国四大道教名山之一，也是世界文化遗产，位于四川省成都市都江堰市西南，距成都市区 68 千米，在都江堰水利工程西南 10 千米处。青城山在古代叫丈人山，因为轩辕黄帝游历到这里，封青城山为"五岳丈人"。青城山分为前山和后山，峰峦起伏，绿树成荫，享有"青城天下幽"的美誉。

小猪屏蓬点点头说："这么一说还真是，之前瘟兽逃往的地方也都是很有灵气和仙气的名山大川。"

说话间我们就飞越了 180 多千米，到达了青城山。我们远远就看到青城山郁郁葱葱，钟灵毓秀，果然不负道教圣地的美名。

狐翎开心地说："师父，传说张道陵奉老子为道教始祖，奉老子的《道德经》为道教最高经典，咱们的咒语'道生一，一生二，二生三，三生万物'就出自《道德经》。小猪屏蓬要是在这里用分身术的话，是不是会超级厉害？"

小猪屏蓬听了兴奋得马上就要试试，我拦住他说："屏蓬别急，说不定一会儿就有大战。你现在要努力吸收青城山的仙灵之气，不能浪费。"

我们来到了天然阁，小猪屏蓬忽然抬起两个猪鼻子到处闻："我闻到瘟兽的气味了，快跟我来！"

我赶紧把神农从乾坤圈里叫出来。大家一路追踪，来到了一个山间的湖泊。这里是青城山有名的**月城湖**。

景点知识卡：月城湖

月城湖是一个山间小湖，坐落在青城山丈人峰和青龙岗之间的鬼城山旁；鬼城山又名月城山，湖因山得名，叫月城湖。月城湖周围青山环绕，湖水碧绿，宛如一幅美丽的山水画。据说五代十国时期的道教仙人刘海蟾（chán），就曾在这里隐居。

　　狐翎疑惑地说："不对呀，月城湖的水应该很清澈，现在怎么变脏啦？"

　　神农冷哼一声："水何止是脏了，里面还有妖气！肯定是瘟兽跳进水里藏起来了，看我把他们赶出来！"

　　神农说着拿出了自己的青铜药鼎，把鼎口对着湖水说了一声："吸！"

　　只见湖面上出现了一个巨大的漩涡，湖水变成了一条水龙，水龙自己钻进了神农的药鼎里。小猪屏蓬飞到半空中，举着自己的九齿钉耙，好像打垒（lěi）球的击球手，随时准备给跳出水面的瘟兽迎头痛击。还别说，水里真的跳出来一个长翅膀的家伙，小猪屏蓬啪的一声就把它打到了岸上。

　　我们低头一看，不是絜钩，也不是跂踵，而是一条长着翅膀的怪鱼。

　　狐翎脱口而出："这不就是《山海经》世界的蠃（luǒ）鱼吗？肯定是瘟兽召唤来的！这种怪鱼会招来水灾，大家小心！"

　　说话的工夫，小猪屏蓬已经噼里啪啦地打中了好几条蠃鱼，发现都不是瘟兽，小猪屏蓬就有点儿放松了。眼看着湖水已经被药鼎吸走了一半，水里却突然跳出一个之前没有见过的怪兽，它的身体特别像瘟兽变身之后的独眼巨人，但是背后多了一对鸭子翅膀和一条老鼠尾巴。怪兽的嘴里发出了絜钩的声音："神农你这头蠢牛，竟敢跟我抢湖水，看看我给你们准备的意外惊喜吧，让你们见识见识我水法术的厉害！"

说完，月城湖里突然掀起了滔天巨浪，岸边被小猪屏蓬打飞的那些赢鱼，也突然飞到了半空中，张开大嘴朝我们喷出一支支水箭，我们几个人瞬间就被打飞了。

狐翎骑着毕方鸟一边躲闪一边喊着："这次是絜钩控制了瘟兽合体，他炼化了化蛇，掌握了化蛇的控水本领。再加上赢鱼也是控水的怪兽，瘟兽占据了主场优势，咱们先离开月城湖，换个地方再战吧！"

絜钩得意地狂笑："想跑？没门儿！"

那些赢鱼扇动着翅膀把我们包围了，瘟兽合体的怪物也飞到了我们的头顶，我们想脱身真的很难。危急时刻，一个清脆的嗓音响了起来："神农不要慌，**醉鱼草**精灵来了！"

我们四处一看，一群3米多高的树人从四面八方朝湖边奔来，对赢鱼阵形成了反包围。小猪屏蓬瞪大了四只小眼睛："醉鱼草？这草的个头太大了吧？都赶上树了。"

神农哈哈大笑："醉鱼草虽然名字里有'草'，但是其实是一种灌木，他们绝对是赢鱼的克星！"

醉鱼草树人冲到了近前，他们对着那些嬴鱼扔出一个个绿色的小球。这些被击中的嬴鱼浑身麻木，像下饺子一样噼里啪啦地掉进了湖里，果然全都像喝醉了一样。

植物知识卡：醉鱼草

醉鱼草是一种灌木植物，高可达3米，开紫色的小花，花色艳丽，花香怡人，是一种很美丽的观赏植物。醉鱼草全株都有毒，捣碎扔进河里能麻醉活鱼，所以得名"醉鱼草"。醉鱼草的花、叶和根可以入药，有祛风除湿、止咳化痰、散瘀的功效。

一个头上长着一串紫色小花的植物精灵在树干里大喊："现在集中麻醉弹，打那个大妖怪！"

所有的树人全都瞄准了半空中合体的瘟兽，向他展开猛烈射击，瘟兽吓得转身就跑。因为瘟兽合体不是鱼，所以绿色麻醉弹的效果不像打中嬴鱼的时候那么明显，不过瘟兽合体的动作也变得迟缓了很多。看到我们都冲过去了，瘟兽合体瞬间解体了，变成了四团黑色的妖气消失不见。

神农转身对小精灵说道："醉鱼草，我邀请你加入我的植

物精灵军团，你愿意吗？"

醉鱼草小精灵开心地说："太棒啦！我就是专门来找你们的！"

神农点点头，把醉鱼草收进了《神农本草经》，然后把青铜药鼎里的湖水都倒回湖里，月城湖重新变得清澈透亮了。

第二十七回

古银杏捍卫天师洞
小兰花镇守降魔石

不等我用昆仑镜查找瘟兽的踪迹，小猪屏蓬就跳起来喊道："我知道瘟兽往哪里跑了，跟我来！"

我们三个在天上飞行，神农一路狂奔，跟着小猪屏蓬来到了**天师洞**。据说，这里就是道教创始人张道陵住过的地方。虽然名字叫天师洞，但是现在的天师洞已经是一座中规中矩的道观建筑，而不是一个天然洞穴了。道观里充盈着仙灵之气，可是天师洞的外面，却围绕着瘟兽的妖气。

我们从老远就看到天师洞外面，一个足有40米高的银杏树人战士被四只瘟兽围攻。跋踵和絜钩在半空中向树人战士发射倒霉光环和麻痹术毒气，猴在地面上对树人战士释放毒箭。银杏树人战士虽然高大威猛，但头上套了好几个倒霉光环，身上到处是毒虫和红色的毒箭，再加上麻痹术的作用，动作越来越慢了。

狐翎着急地喊道："这棵银杏树可能是张道陵天师亲手种下的，已经有 1800 多岁了，咱们赶紧救援！"

景点知识卡：天师洞

天师洞，又称常道观，是全国道教重点宫观，因为殿里的地势像是山洞，所以叫天师洞。洞里有一尊道教创始人张道陵的塑像，据说天师洞曾是张道陵居住的地方。在创建之初，天师洞道观只有山洞大小，周围的殿堂都是在这个基础上扩建的。

神农冷哼一声："竟敢欺负植物精灵，你们全都死定了！"

神农顺手扔出了自己的药鼎，砰的一声把乱放毒箭的猴给扣在了下面。小猪屏蓬终于等到了用分身术的机会，他飞快地念出咒语："道生一，一生二，二生三，三生万物。猪毛分身术！"

小猪屏蓬明明只扔出来三四根猪毛，却变出好几十个分身，把他自己都吓了一跳。一群小猪全都踩着小祥云，抡着九齿钉耙朝天上的跂踵和絜钩打过去。狐翎和毕方鸟不敢释放火焰攻击了，怕误伤了自己人。

小猪屏蓬的真身拍着手看热闹："好啊，果然在道教仙山用咒语威力更强！"

跂踵和絜钩大吃一惊，他们惊慌失措地到处逃窜，可是并没有像以前那样化作妖气逃走。

狐翎大声提醒："不对，瘟兽好像在故意拖延时间，蜚跑到哪儿去了？"

我们猛然警醒，正疑惑的时候，从银杏树上跳出来一个植物小精灵。他的头上结着几颗银杏果，看起来生机勃勃，可是却有点儿弯腰驼背，脸上还布满了皱纹，分明是一个小老头儿精灵。

银杏精灵用苍老的声音喊道："神农大神，快点去救援降魔石，有一只瘟兽去那边偷灵石了！"

瘟兽是想偷降魔石，我们果然中了敌人声东击西的诡计！神农一把抓起自己的药鼎，发现地上有一个洞，猴已经逃跑了，再抬头一看，跂踵和絜钩也溜之大吉了。

我让神农留下来帮助银杏精灵疗伤，我、小猪屏蓬和狐翎三个一起飞向了不远处的降魔石。降魔石是一块看起来头重脚轻的大石头，分成了三部分，下面的部分还裂开了，所以又叫三岛石。大石头上有两个雕刻涂漆的红色大字：降魔。整块大石看起来巍峨厚重。

植物知识卡：银杏

　　银杏是一种高大的乔木，是中国特有物种，小小的叶片像一把扇子，嫩叶是淡绿色，秋季变成金黄色。作为行道树，银杏是一道绝美的风景。银杏果子又叫白果，可以食用，但食用过多会中毒。银杏种子入药可敛肺定喘，主治痰咳，还可以对症治疗心脑血管疾病、老年痴呆等。

　　只见一个漂亮的兰花小精灵正站在大石头前面奋力抵抗着，她虽然不停地吸收降魔石里的仙灵之气，释放了漫天的花瓣雨抵挡瘟兽的进攻，但是她已经被逼得背靠降魔石，无路可退了。

　　我们都能猜到，刚才肯定是这个兰花小精灵成功地阻挡了蚩的进攻，才没有让他偷走降魔石。可是现在突然增加了三只瘟兽，兰花精灵一下就扛不住敌人的疯狂进攻了。

　　小猪屏蓬大喊一声："小精灵不要慌，猪战神来也！"

一大群小猪屏蓬蜂拥而上，攻击蜚和猴，狐翎和毕方鸟的三昧真火也全面发动，漫天火雨烧得跂踵和絜钩哇哇怪叫。

小精灵终于松了一口气，她擦擦脑袋上的汗珠，开心地说："谢谢你们来帮我，我是**西蜀道光**兰花精灵。神农怎么没来啊？"

植物知识卡：西蜀道光

西蜀道光，是春剑黄花素心中最著名的品种，也是四川四大名花之首。这个品种的兰花花容端庄，造型独特，是国兰春剑中比较稀少珍贵的品种，曾在 1993 年香港国际兰展上获金奖。据说 100 多年前，人们在青城山天师洞附近发现了这个品种，后又因青城山是道教发源地，道家崇尚自然，提倡素静清雅观，所以将其称为"西蜀道光"。

话音刚落，神农迈着沉重的脚步飞奔而来："神农来了，瘟兽休走！"

巨大的青铜药鼎飞了过来，当的一声砸中了蜚的脑袋。蜚一声惨叫，化作一团牛虻仓皇逃窜，剩下的三只瘟兽也赶紧溜走了。

西蜀道光兰花精灵开心地冲向了神农："神农，我终于等到你了！我要加入你们的植物精灵军团！"

神农开心地点头。小猪屏蓬收回了自己的分身，东张西望地问道："神农，你没把那个银杏老爷爷带来吗？"

神农说："银杏精灵那个小家伙儿舍不得离开张道陵的天师洞，他要保护道观，就不跟咱们去捉瘟兽了。"

小猪屏蓬眨巴着四只小眼睛问："神农，银杏精灵都1800多岁了，你还说他是小家伙儿？"

我笑了："屏蓬，就算是4000多年前的轩辕黄帝见到神农也得叫前辈。神农都不知道几千岁了，他可是最古老那一批神当中的一位，1800多岁的银杏精灵对他来说当然是个小屁孩儿了。"

小猪屏蓬笑了："我还帮轩辕黄帝寻找过五行之神呢，那我也有好几千岁了，虽然我长得像小屁孩儿……"

我们都懒得理小猪屏蓬，神农把西蜀道光兰花精灵收进了《神农本草经》，我们又踏上了追捕四大瘟兽的征途。

第二十八回

考察团夜宿上清宫
屏蓬猪识破假轩辕

才走了没多久，天色就暗了下来。我用占卜术和昆仑镜判断，发现瘟兽还在青城山附近，所以我们决定先在附近借宿一晚。天上突然下起了大雨，神农举起药鼎给我们挡雨。我查看地图，发现距离我们最近的景点是**上清宫**。于是，神农用了一个乾坤大挪移，瞬间就带我们来到了上清宫附近的一个亭子里。我看到这个亭子的名字叫圣灯亭。

这个时候，天色已经完全黑了下来。我们虽然动作很快，但还是被淋湿了衣服。狐翎在亭子里召唤出一团神火，我们围在火焰的周围烘干衣服。

小猪屏蓬忽然小声说道："晓东叔叔快看，那边怎么有鬼火啊？"

我们转头一看，果然看到不远的山中，有一片忽明忽暗的幽光在不停闪烁，数量还很多，估计最少也有几百个。

景点知识卡：上清宫

上清宫是青城山的精华景点，位于青城山第一峰彭祖峰，在距峰顶约 500 米的半坡上，是青城山位置最高的道观。上清宫里有老君殿、三清殿、文武殿和道德经堂等，香火旺盛。上清宫也是观看日出、云海、圣灯这三大奇观的最佳位置。

狐翎笑了："这不是鬼火，青城山也有类似峨眉山的三大奇景——日出、云海和圣灯。你说的鬼火，其实是青城山的圣灯，通常在夏天雨后的夜晚出现。咱们虽然被雨水淋湿了，但是也算运气好，看到了青城山的圣灯。咱们这个亭子就叫圣灯亭，这个位置正好看圣灯。这种奇景其实是山中的磷氧化燃烧的自然现象。"

我和神农看着圣灯也觉得很新奇，但是因为又饿又累，心里虽然觉得有点儿不对劲，却没有多想。我们随便吃了点东西，就靠着圣灯亭的柱子睡着了。

睡梦中，我好像听见有人在小声说话，好像是跂踵的猥琐声音："我说什么来着？就知道他们会在这里歇脚。"

絜钩的声音很不服气："哼，要不是本瘟神召唤了一场大雨，他们会来这里看圣灯吗？"

蜚粗声粗气地说："别说废话，赶紧干掉他们！"

猴的声音响起："不要！打死他们就找不到神器放在哪里了，先把宝贝弄到手再说！"

我拼命睁开眼睛，发现周围没有瘟兽，亭子里多了四个浑身金光的神仙，他们提着灯笼在打量我们。我脑袋昏昏沉沉的，依稀认出来，他们是元始天尊、灵宝天尊、道德天尊和轩辕黄帝。我的天哪，这可是四位了不起的大神仙，我赶紧挣扎着站起来躬身行礼。

小猪屏蓬、狐翎和神农也醒了。小猪屏蓬揉着眼睛说："大半夜的来了这么多神仙，会不会是冒牌货啊？"

狐翎小声说："他们身上的仙灵之气骗不了人，怎么会是假的？"

轩辕黄帝清清嗓子说道："喀喀，我们是来寻找人间的神仙的，你们修炼得很不错啊，可以跟我们上天去成仙了。"

神农客气地躬身行礼，说道："我们在抓瘟兽，阻止他们害人，当不当神仙不重要……"

小猪屏蓬着急地说："别听神农的，他已经是神仙了，当然觉得不重要。你们赶紧把我接走吧，我要当神仙。对了，各位神仙，你们有好吃的吗？我都快饿死啦……"

三位天尊都摇摇头，只有轩辕黄帝伸手递给小猪屏蓬一个红红的大苹果："快吃吧，小猪！"

我和狐翎都一愣：轩辕黄帝应该认识小猪屏蓬才对啊！当年我们师徒三人执行过一次西王母的任务：保护年幼的轩辕黄帝寻找五行之神学本领，最后打败蚩尤统一天下。轩辕黄帝见到小猪屏蓬，肯定会叫出小猪屏蓬的名字，而不是"小猪"……

小猪屏蓬眼珠一转，忽然咧开两张嘴哈哈大笑："还是轩辕黄帝最好了，我就不客气啦……哦，对了，轩辕，金乌老三还好吧？你最近有没有找他再飞越三棵神树啊？"

轩辕黄帝愣了一下，然后马上回答："哦，我和金乌老三经常见面，不过我现在骑着自己的龙，不用再骑金乌老三了……"

轩辕黄帝自认为这个回答天衣无缝，可是我和狐翎心里都咯噔了一下。因为当年带着我们飞越三棵神树的是金乌老大，根本不是什么老三。金乌老三早就被大羿（yì）射死了！

我们还没来得及做出反应，小猪屏蓬手里的苹果已经啪的一声打在了轩辕黄帝的脑袋上，苹果变成了一团牛粪！假轩辕来不及发出一声惨叫，小猪屏蓬的耙子就已经砸在了他的脑袋上。只听啪嚓一声，假轩辕就变成了一只红毛刺猬。原来他是猴变的！

我和狐翎、神农也反应过来了。既然这个轩辕是假的，那另外三个神仙肯定也是冒牌货，他们都是瘟兽变的。我们三个同时出手，青铜药鼎、乾坤圈和神火分别砸向三个假神仙，这三个家伙转身就跑，没跑几步就被脚下的东西绊倒了。

一个满脑袋都是黄色小花的植物精灵从地面跳了起来："神农，我是**遍地金**，我来帮你们抓瘟兽啦！"

植物知识卡：遍地金

遍地金是一种草本植物，全草都可入药，能清热解毒，可以用于治疗口腔炎、小儿白口疮、小儿肺炎、小儿消化不良等。还能用来治黄水疮、毒蛇咬伤。

我这才注意到，原来脚下不知什么时候出现了一大片嫩绿的小草，他们的枝条在飞快地生长，把瘟兽的腿都给缠住了！

四只瘟兽同时化作斑斑点点的鬼火逃走了。我这才明白，原来在来上清宫的路上，我们就已经中了瘟兽的埋伏，那场雨是絜钩下的，那些"圣灯"也是瘟兽制造的，四个"神仙"更是瘟兽的化身。

瘟兽逃走了。我们的脑袋都昏昏沉沉的，遍地金小精灵跳到我们身上，往每个人的嘴里抹了一点儿花粉，甜甜的很好吃，我们觉得清醒了很多。

遍地金小精灵开心地说："好吃吧！我还有一个名字叫蚂蚁草，因为开花的时候，小蚂蚁都喜欢爬到我的花朵上吃花蜜。瘟兽刚才趁你们睡着的时候下毒了，所以你们才会分辨不出妖气和仙气。"

我们都向遍地金小精灵道谢，神农自然又收获了一个新成员。只是想到瘟兽们越来越狡猾，手段越来越多，我们的心里都不由得直冒凉气。

第二十九回

老君阁惊现金青牛
屏蓬猪营救过路黄

　　为安全起见，后半夜我们都睡在神农的药鼎里。神农大神一夜没睡，给我们守夜。第二天一大早，我被小猪屏蓬和狐翎的欢呼声吵醒了："哇！好漂亮的日出啊！"

　　我睁开眼睛，发现一轮红日已经浮出云海，一抹金色的阳光照进了亭子里。疲倦一扫而光，我从药鼎里跳了出来，刚看了一会儿日出，就听见背后神农低声说道："不好，**老君阁**被妖气包围了，瘟兽们肯定就在附近！"

　　我们三个抖擞精神，做好了战斗准备。为保险起见，神农用了一个隐身术，把我们全都隐身了。然后我们四个和一只鸟，一起蹑手蹑脚地走出了圣灯亭，小心翼翼地靠近老君阁。

　　就在我们走到老君阁跟前的时候，小猪屏蓬的一个脑袋忽然打了一个喷嚏，我和狐翎同时伸手捂住了小猪屏蓬的两个猪鼻子，没想到小猪屏蓬又放了一个屁……

这下我们的隐身术破了，狐翎气得大叫："屏蓬！你这个猪队友，真是坑人坑到家了！"

小猪屏蓬委屈地说："这两天忙着捉瘟兽，都没吃饱饭，肚子里都是凉气，一时没忍住……"

景点知识卡：老君阁

老君阁位于青城第一峰彭祖峰顶，海拔 1260 米。老君阁共六层，上圆下方，寓意天圆地方；每层有八角，表示"八卦"。老君阁外观像一座塔，顶上接三圆宝，表示"天、地、人"三才的意思。

突然，老君阁的房顶上发出了一阵爆笑声，原来四只瘟兽都蹲在房顶上看热闹。跋踵大声喊道："小肥猪，向我们投降算了，保证你顿顿吃得饱！"

小猪屏蓬呸了一声："别做梦了！猪战神是神仙，怎么可以向妖怪投降？看打！"

小猪屏蓬踩着小祥云飞起来就要冲上老君阁的房顶。没想到，变身独眼牛头巨人的蚩手里抓着一个瘦弱的绿色小精灵。那个小精灵头上长着圆圆的黄绿色叶片，哭得一脸泪水，好不可怜："呜呜呜……我是**过路黄**，神农救命啊！"

植物知识卡：过路黄

过路黄又叫金钱草，根茎柔弱，植株平卧延伸，长20~60厘米。过路黄入药可治尿路结石、胆囊炎、胆结石、黄疸（dǎn）型肝炎、水肿、跌打损伤、毒蛇咬伤及毒蘑菇和药物中毒等，外敷可治火烫伤及化脓性炎症。

我们全都傻眼了，小猪屏蓬的耙子也停在了半空中。自从上次川贝精灵被瘟兽抓住，我们已经好久没有遇到植物精灵被当作人质的情况了。植物精灵虽然个个身怀绝技，但是毕竟还是有一些比较弱小的。

神农一声大吼："你们敢伤害小精灵，我保证让你们化为飞灰！"

神农一生气，整个老君阁周围的温度都降低了好多。絮钩阴阳怪气地说："哎哟，我好害怕……傻大个，有本事你就来抢啊！不想看着这个小精灵被捏死，就拿你们的宝贝来换！"

神农毫不犹豫地说道："我的青铜药鼎可以给你们！"

蚩大叫一声："你打发要饭的吗？我们要你们身上所有的宝贝！"

瘟兽的贪心，真的让我们气得差点晕过去。不过我们都知道神农的性子，为了救小精灵，他是不惜一切代价的。我对小猪屏蓬使了个眼色："小猪屏蓬，把你的耙子扔下去！"

说着，我也把我的桃木剑和乾坤圈扔在地上。蚩的独眼放出贪婪的光，他大声喊道："你们都后退！"

我们老老实实地往后退，四只瘟兽一起跳下来，朝我们的宝贝扑了过来。小猪屏蓬叉着腰对着老君阁大声喊道："师父！你就这样看着你徒弟被妖怪欺负吗？他们把你送给我的兵器都抢走啦！"

瘟兽们听了都一愣，只听老君阁里传出哞的一声牛叫，一头浑身金光的大青牛从老君阁的大门里冲了出来，咚的一声就把蚩给撞飞了！

另外三只瘟兽吓得一声怪叫四散奔逃。小猪屏蓬扑过去骑在蚩的身上，抡起拳头就是一顿猛捶。蚩被打得嗷嗷怪叫，一松手就把过路黄小精灵给扔了。神农跳起来去接，蚩趁机化作一群牛虻逃跑了。

老君阁

神农惊讶地问："这是怎么回事啊？屏蓬到底在叫谁师父？老君阁里怎么会有你师父的牛？"

小猪屏蓬得意地说："猪战神有好多次轮回转世，其中有一次轮回，我拜太上老君为师，成了天蓬元帅，所以太上老君也是我的师父啊。我手里这支九齿钉耙，就是太上老君亲手用神镔（bīn）铁给我打造的。"

神农恍然大悟："哇！没想到你还真是天蓬元帅啊，我一直以为你吹牛呢！"

小猪屏蓬的猪鼻子都快翘到天上去了："不然太上老君会派他的坐骑大青牛来帮忙吗？"

说话的工夫，大青牛已经消失了。过路黄小精灵向我们道谢。神农一问才知道，这个过路黄小精灵虽然不会打仗，但是他能治疗毒蛇咬伤和跌打损伤，还能治疗烫伤。而且，这个胆小的过路黄，还强烈要求跟我们去冒险。神农对植物小精灵的态度自然是多多益善，来者不拒。他开心地把过路黄收进了自己的《神农本草经》里。

我们对着老君阁躬身行礼，道谢和道别之后，再次踏上了追捕瘟兽的冒险旅程。

第三十回

剑门关师徒闯关楼
香樟树樟脑驱瘟兽

当再次拿出昆仑镜，准备用咒语配合寻找瘟兽的时候，我却意外地从昆仑镜里看到他们都聚集在**剑门关**。剑门关距离青城山有 200 多千米，我们一边飞行一边讨论。狐翎说道："好奇怪，瘟兽明明已经可以隐藏自己的行踪了，这次为什么故意暴露妖气，让我们知道他们在哪里呢？"

小猪屏蓬晃着两个小猪头说道："这还用说，瘟兽们肯定是极其自信，所以才故意告诉咱们：我们就在这儿，快过来打我们啊！"

我和神农都觉得小猪屏蓬分析得有道理，这四只瘟兽确实越来越嚣张了。我冷静地回忆剑门关的地理条件，马上就明白了原因："我知道为什么了，剑门关自古以来就是四川有名的軍事要地，易守難攻，据说历史上从来没有出现过正面攻克剑门关的战斗。三国时期，蜀国名将姜维曾经用三万士兵镇守剑门关，打退了敌人十万大军的进攻。"

景区知识卡：剑门关

剑门关景区位于四川省广元市剑阁县，处于剑门山的中断处。剑门山古称梁山，由大小剑山组成。剑门山中断处两边的断崖峭壁像利剑插入云霄，两边崖壁相对，看起来就像一扇门，所以叫"剑门"。三国时诸葛亮修建蜀道，在这里修建了关卡作为蜀汉的屏障。后世各朝各代都有对剑门关的维修和保护。剑门关自古以来就是兵家必争之地，有"打下剑门关，犹如得四川"的说法。李白曾用诗句"剑阁峥嵘而崔嵬（wéi），一夫当关，万夫莫开"来说明剑门关的战略地位十分重要。

狐翎恍然大悟："这样说就清楚了，瘟兽一定是占据了剑门关，故意吸引我们过去战斗，然后利用地理优势攻击我们。"

小猪屏蓬说道："你们想得太多了，瘟兽的脑子就是太简单，猪战神要让他们为自己的错误判断付出惨痛代价！"

我对小猪屏蓬的了解比谁都多，如果你被他呆萌的外表迷惑，以为他只是一只搞笑的宠物猪，那你就上当了。他最喜欢装傻充愣，关键时刻往往会想到常人意想不到的妙招。

说话的工夫，我们就来到了剑门关。剑门关的**关楼**并不是特别高大，两层飞檐好像大鸟奋力张开的翅膀，关楼上挂着牌匾，上书"天下雄关"四个大字，庄严威武，雄风犹存。关楼上站着由四只瘟兽合体的独眼巨人，他好像将军一样趾高气扬，身边还站着百十个拿着盾牌和长戈的巨人战士。

景点知识卡：关楼

历代官府多次在剑门关关隘（ài）修建关楼，但全都被战火摧毁了。明朝时重建，清朝时又加以修复，关楼更加雄伟壮观。但在 1935 年修川陕公路时，这座历时数百年的建筑被全部拆毁。中间的几十年，重建的关楼又因火灾、地震等被摧毁。现在在景区看到的关楼，是仿照明代关楼重新修建的。

狐翎瞪大了眼睛："怪不得瘟兽要用妖气引咱们来，原来他们不仅占领了剑门关，还找来了帮手。这些巨人战士叫凿齿，他们都没有大门牙，他们的门牙都被凿掉了！"

　　我点点头："狐翎说得不错，瘟兽召唤来的帮手，正是《山海经》世界里的凿齿。传说凿齿一族非常强悍，经常用武力欺负周边的部落，掠夺牲口粮食，甚至吃人。凿齿族的男孩成年的标志，就是凿掉两颗门牙，表示他们已经是合格的战士了。"

　　这些凿齿战士长得高大威猛，肌肉发达，脸上画着吓人的花纹，一只手拿着盾牌，另一只手拿着长戈。狐翎感叹："凿齿这套装备真的很适合守城，如果用弓箭射击，凿齿可以用盾牌格挡；如果用云梯攻城，凿齿可以用长戈推倒云梯。"

　　神农不服气地说："这座关楼也不是很大，我用药鼎不停地砸，把关楼砸塌了，我就不信瘟兽能守住！"

　　我拦住他说："别啊，神农，这座关楼虽然是后来翻建的，但也不能砸坏了啊……"

　　半天没说话的小猪屏蓬忽然开口了："凿齿没什么了不起，我能请来他们的克星！普告万灵，土地祇灵，左社右稷，不得妄惊，心向正道，内外澄清，太上有命，搜捕邪精。大羿现身！"

　　一阵仙灵之气形成的风暴把我们刮得都摇晃了几下，要不是神农一把抓住我和狐翎，说不定我们都被刮飞了。一个手握长弓的勇士出现了，正是我们的神话英雄大羿。小猪屏蓬在半空中抱住一个大树杈，兴奋地喊道，"大羿！快把凿齿和瘟兽都消灭吧！"

大羿二话不说，拉开长弓，第一个瞄准的不是那些凿齿，而是瘟兽合体的独眼怪物！战斗经验丰富的大羿，深深懂得"擒贼先擒王"的道理。大羿射箭的速度太快了，瘟兽都没反应过来，羽箭就化作一道白光，瞬间射穿了独眼怪物的脑袋。

怪物惨叫一声解体了，四只瘟兽化作黑雾仓皇逃跑。那些被他们召唤来的凿齿，有的好像无头苍蝇一样在关楼上乱转，还有的直接从关楼上跳下来，哇哇怪叫着冲进了山林。大羿拉开长弓就要继续射击凿齿，我冲上去一把抓住他的胳膊："大羿别射，这里是旅游景区，万一误伤了游人可就麻烦了。你已经帮我们攻克了剑门关，剩下的收尾战斗我们来打吧！"

大羿点点头，化作一团仙灵之气消失不见了。

旁边的神农已经行动了，他从《神农本草经》里释放出一大群植物精灵，珙（gǒng）桐（tóng）精灵释放像白鸽一样的花朵驱散毒气，金钗石斛精灵释放幸运光环保护大家，苔藓精灵用绿色的青苔给大家加上一层铠甲防护，樱花树人、云杉树人、沙棘树人……一大群树人战士出现在剑门关前，纷纷去抓捕那些可怕的凿齿。

攀爬剑门关对人类来说难如登天，但是对植物们来说，简直就是如履平地。一眨眼的工夫，植物精灵们就指挥树人占领了剑门关。楼门打开，一个我们没有见过的植物精灵出现，他带来了一股沁人心脾的香气，让我们感觉精神一振。

小猪屏蓬两个鼻子一起使劲嗅着："我怎么闻到一股樟脑球的味道啊？"

小精灵喊着："因为我叫**香樟**精灵，你说的樟脑球，就是从我的叶子里提炼物质制成的！"小精灵浑身的皮肤都是黄褐色的，头上戴着几片香樟叶。就是他控制着一个30米高的香樟树人为我们打开了关楼门。

植物知识卡：香樟

香樟树是一种乔木，高可达30米，它的树枝、树叶及木材都有樟脑气味，可以从中提取樟脑和樟油，供医药和香料工业使用。香樟树的根、果、枝和叶入药，有祛风散寒等功效。

凿齿瞬间就被消灭光了，在丛林里战斗，谁也不是植物精灵们的对手。拿下剑门关关楼之后，神农的植物精灵军团又添加了香樟精灵这个新成员，我们的力量更强大了。

第三十一回

天师栗联手紫薇树
梁山寺大战乌龙池

我们一鼓作气继续追击。昆仑镜中显示，四只瘟兽在剑门关景区里一路逃窜，越过石笋峰，翻过抱龙山，经过鸟道，最终钻进了**梁山寺**。

景点知识卡：梁山寺

在中国古代，剑门山也叫梁山，梁山寺坐落在大剑山山顶葱茏的古老柏树林中。梁山寺始建于唐初，到南宋时期扩建，以后各朝都有维修。梁山寺金碧辉煌，佛灯长明，香火不断。

神农听了马上担心起来："梁山寺里有什么宝贝吗？瘟兽去那里肯定是有目的的！"

狐翎飞快地回答："我知道，传说梁山寺里有三宝：千年紫薇树、树下乌龙池、池中乌龙石。乌龙石蕴含丰富的仙灵之气，瘟兽肯定是奔着乌龙石去的！"

小猪屏蓬笑了："千年紫薇树？我估计肯定有树精灵，不用担心乌龙石被妖怪偷走了。"

可神农听了小猪屏蓬的话反而更着急了："咱们得快点！不能让紫薇树吃亏！"

我们加速飞行，转眼之间就到了梁山寺。梁山寺里果然已经打得不可开交了。我们冲进寺里，只见一高一矮两个树人正在两个植物小精灵的指挥下和四只瘟兽拼命战斗。高大的树人有10多米高，树上结着很多褐色的果实；矮个子的树人也有六七米，满树都是粉色的花朵，分外鲜艳。

我一眼认出，大树是**天师栗**（lì）。它的树冠里有一个身穿道袍的小精灵正灵活地跳来跳去，躲避跋踬的倒霉光环和絜钩的麻痹术攻击。矮个子树人的动作有点儿慢，树冠里竟然藏着一个年纪很大的精灵老奶奶。她虽然弯腰驼背，白发苍苍，但是目光如电，动作敏捷，俨然一个在战场上指挥若定的大将军。不用说，这就是梁山寺的千年**紫薇**树了。

植物知识卡：天师栗

天师栗是一种落叶乔木，一般能长到15~20米，少部分可以长到25米，又叫"猴板栗"，据说是道教第一代天师张道陵培育出来的果树，所以叫天师栗。天师栗不耐寒、生长慢，但寿命长。天师栗的种子可以食用，还可以入药，在中医里叫娑罗子，能治胃胀痛。天师栗树形美观，开出的花朵像是一盏华丽的烛台，所以也是一种观赏树。

植物知识卡：紫薇

紫薇是一种落叶灌木或小乔木，高可达7米，又叫痒痒树。紫薇的根、皮、叶、花都可入药，有清热解毒、止泻、止血、止痛等作用，还可治疗肝硬化、腹水、肝炎及各种出血症、骨折、乳腺炎、湿疹等。

神农一声大吼："植物精灵不要慌，神农来也！"

巨大的青铜药鼎伴着风声狠狠地砸向了蜚的后脑勺。神农力气大，药鼎个头也大，要想用药鼎打中絜钩、跂踵和狓并不容易，所以神农每次攻击都是最先对蜚下手，而蜚也是最害怕神农的瘟兽。蜚怪叫一声，躺在地上一阵翻滚，这才勉强躲开了药鼎。天师栗树人一把抱住了药鼎，因为药鼎差点就砸中了乌龙池！

紫薇树精灵老奶奶在树上跳了起来："哇！神农来了，我是你的粉丝！"

没想到精灵老奶奶看到神农也像小姑娘一样开心。可是这么一分神，狓就扑通一声跳进了乌龙池！

狐翎着急大喊："坏了，瘟兽去抢乌龙石了！"

紫薇树精灵老奶奶冷哼一声："哼，他抢不走乌龙石的，天师栗，你掩护我！"老奶奶控制树人，伸出大手一把就从水里把狓给抓了出来。出乎所有人的意料，狓的手里抓的并不是什么乌龙石，而是一只大蝾螈！

这只蝾螈长着黑背、金腹、四只脚，好像一只大蜥蜴，但是比蜥蜴更加呆萌可爱。蝾螈被狓抓住了，着急得四条小短腿乱蹬，却没法逃跑。两个树人都急了，天师栗大喊："妖孽！把乌龙给我放下！"

　　我们都大吃一惊，这不就是只蝾螈吗？怎么叫它乌龙呢？难道是一只伪装成蝾螈的真龙？那这家伙也太弱了吧？

　　看我们都一脸疑惑，紫薇树精灵老奶奶说："这只蝾螈虽然不是真的乌龙，但因为这个池子叫乌龙池，所以寺庙里的和尚都把它叫作乌龙。"

　　猴大喊："你们三个笨蛋快救我啊！我已经抓住乌龙啦！"

　　天上的跂踵和絜钩拼命向我们乱打一通，蜚也怪叫一声，朝着乌龙池猛冲过去。

　　我大喊一声："动手！保护乌龙！"

　　小猪屏蓬和狐翎向着天空中的跂踵和絜钩发起了猛烈的进攻，吓得两只瘟兽转身就跑。神农的赭鞭啪的一声抽在

蜚的脑袋上，我的乾坤圈也狠狠地击中了蜚的一条腿。蜚一声惨叫，化成一群牛虻逃跑了。

另一边，天师栗树精灵也用了大招，他将树冠里的所有果实都发射了出去，果实好像机枪的子弹一样，接连不断地准确命中猴，把猴打得连声惨叫。猴终于扔下大蝾螈逃跑了。

神农跑到乌龙池边，把那只蝾螈给捞了上来仔细检查："坏了，蝾螈少了一条腿，肯定是被瘟兽猴给偷走了！我得赶紧给他疗伤……"

紫薇树精灵奶奶淡定地说："不用担心，乌龙的恢复能力很强，用不了多久，他就会再长出一条腿来，和原来的腿一模一样。"

天师栗精灵郁闷地说："但是猴抢走了乌龙的一条腿，这下瘟兽也拥有了更强的修复能力！"

这时候，小猪屏蓬和狐翎飞回来了。小猪屏蓬一落地，就用分身术把地上所有的果实都给捡了起来，一边捡一边说："好多果子，猪战神可以吃吗？我说栗子树，你这些栗子果为什么都没有刺啊？不过这样更好剥皮！"

天师栗精灵笑了："我可不是栗子树，我这果子有微毒，不过在关键的时候却可以救命。当年张道陵天师就用我的果实，在大饥荒的年代救活了好多人。"

神农向两个小精灵发出邀请："你俩也加入我的植物精灵军团吧！我们一起去捉拿瘟兽！"

天师栗和紫薇树欣然同意，开心地进入《神农本草经》，找其他的植物精灵聊天去了。在梁山寺，还有很多天师栗和紫薇树人，它们可以继续保护乌龙池里的小乌龙。

我们告别了梁山寺，再次踏上征途。不过我发现，这次四只瘟兽跑得更远了，他们的下一个目标会是哪里呢？

让我们循着神农的足迹，去打卡四川的著名景点、认识四川的特色植物吧！

羊蹄甲 诺日朗瀑布
九寨沟 ← 出发地
红杉
黄龙风景名胜区
白皮云杉
冷杉
川贝母
五花海
长海
镜海
杜鹃
扭叶草
洗身洞
星叶草
黄连
卧龙自然保护区
黄龙五彩池
娑萝映彩池
甘海子
箭竹
卧龙关沟
圆叶玉兰
大叶柳
太白米
日月宝镜山
熊猫沟
邓生沟
四姑娘山
报春花
岩桑
木槲
海棠
峨眉山金顶
万年寺
报国寺
灵宝塔
桫椤
乐山大佛
醉鱼草
西蜀道光
银杏
遍地金
青城山
月城湖
天师洞
上清宫

川赤芍

千里光

石仙桃

少棘

人参果坪

海螺沟景区

磨西台地

海螺沟红石滩

海螺沟大冰瀑布

延龄草

稻城亚丁

八角莲

稻城亚丁人参果

桃儿七

冲古寺

峨眉山

牛奶海

珍珠海

香樟

天师栗

紫薇

过路黄

老君阁

剑门关

关楼

梁山寺

→ 结束地

·生僻字注音表·

狐翎（líng）

赭（zhě）鞭

蜚（fěi）

牛虻（méng）

絜（xié）钩　（gōu）

跂（qǐ）踵（zhǒng）

猰（lì）

羌（qiāng）族

则查　（chá）洼寨

金钗石斛（hú）

狋（yí）即

疮（chuāng）疖（jiē）

凉飕（sōu）飕

疝（shàn）气

土地祇（qí）灵

左社右稷（jì）

梦寐（mèi）以求

沃诺色嫫（mó）

凫（fú）水

攥（zuàn）着

栲（kǎo）胶

牟（mù）尼沟

涪（fú）江

堰塞（sè）湖

天罡（gāng）大圣

娑（suō）萝

泻痢（lì）

转（zhuǎn）经楼村

杀无赦（shè）

狍（yǐ）狼

傀（kuǐ）儡（lěi）

贡嘎（gā）山

噬（shì）心魔

雅家埂（gěng）

明目退翳（yì）

袈（jiā）裟（shā）

卑鄙（bǐ）

忧心忡（chōng）忡

蜜饯（jiàn）

桫（suō）椤（luó）

蟾（chán）

垒（lěi）球

蠃（luǒ）鱼

大羿（yì）

黄疸（dǎn）

神镔（bīn）铁

崔嵬（wéi）

关隘（ài）

珙（gǒng）桐（tóng）

天师栗（lì）

图书在版编目（CIP）数据

山海经神农历险记. 四川篇 / 郭晓东著；灌木文化
绘. -- 成都：天地出版社, 2025. 4. -- ISBN 978-7
-5455-8600-8

Ⅰ. Q94-49

中国国家版本馆CIP数据核字第2024J5Q372号

SHANHAIJING SHENNONG LIXIANJI SICHUANPIAN

山海经神农历险记·四川篇

出 品 人	陈小雨　杨　政
监　制	陈　德
作　者	郭晓东
绘　者	灌木文化
策划编辑	凌朝阳　王　敏
责任编辑	凌朝阳
责任校对	张月静
美术编辑	田丽丹
排　版	北京宏扬意创图文设计制作中心
责任印制	高丽娟

出版发行　天地出版社
　　　　　　（成都市锦江区三色路238号　　邮政编码：610023）
　　　　　　（北京市方庄芳群园3区3号　　邮政编码：100078）
网　址　http://www.tianidph.com
电子邮箱　tianditg@163.com
经　销　新华文轩出版传媒股份有限公司

印　刷	北京瑞禾彩色印刷有限公司
版　次	2025年4月第1版
印　次	2025年4月第1次印刷
开　本	880mm×1230mm　1/32
印　张	6.75
字　数	123千字
定　价	35.00元
书　号	ISBN 978-7-5455-8600-8

"小猪屏蓬奇幻冒险"系列

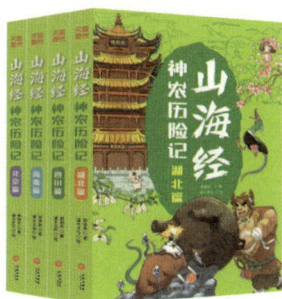

冒险、探秘、寻宝、对抗
让孩子一读就停不下来

◎ 正邪交锋的激烈战斗＋经典有趣的传统文化，激发孩子的阅读兴趣

◎ 湖北、四川、海南和北京 4 个省（市）共 100+ 景区和 100+ 植物知识卡，助力孩子认识祖国的大好河山，拓宽知识面

◎ 图文并茂的景点和植物打卡页，增加了书籍的互动性

◎ 文末的"生僻字注音表"帮助孩子扫清阅读障碍

《山海经神农历险记》

畅游奇幻封神世界
趣读热血英雄故事

◎ 保留封神故事主线，还原原著经典情节

◎ 新增主角人物，赋予经典故事新生命力

◎ 全书第一人称叙事，开启沉浸式冒险

◎ 去掉封建、暴力、血腥等情节，打造纯净阅读体验

◎ 增加"成语大讲堂""封神榜知识卡"，积累语文知识

◎ 每本书后附"生僻字注音表"，扫除阅读障碍

《小猪屏蓬封神榜》

解锁故宫百科　探秘山海传说

◎ 连接故宫和《山海经》的奇幻故事

◎ 全方位介绍故宫历史、建筑、文化、艺术等相关知识

◎ 附赠超大尺寸故宫平面图，全方位了解故宫格局

◎ 故宫博物院前副院长李文儒、儿童文学作家海飞诚意推荐

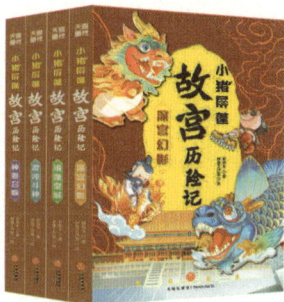

《小猪屏蓬故宫历险记》